高等学校美容化妆品专业教材
美容化妆品行业职业培训教材

化妆品原料
学习辅导

HUAZHUANGPIN YUANLIAO
XUEXI FUDAO

杨承鸿　刘纲勇　主编

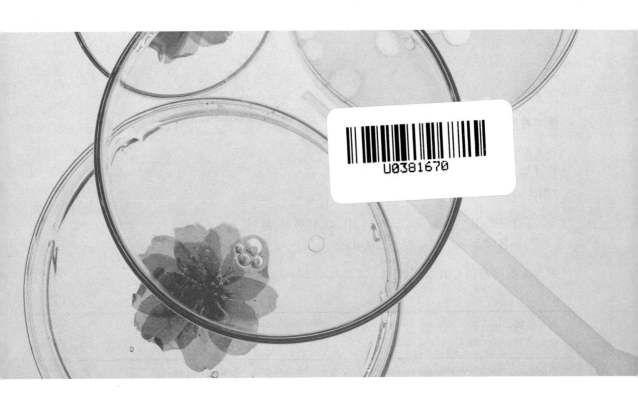

化学工业出版社
·北京·

内容简介

本书是《化妆品原料》（第二版，刘纲勇主编）的配套学习辅导书。

全书对应《化妆品原料》的 12 章内容，设置了 12 个学习任务：乳化剂、增稠剂、香精香料、着色剂和粉、防腐剂、洗涤护肤助剂、油脂、保湿剂、清洁剂、肤用功效原料、发用功效原料和天然活性物质。每个学习任务下设立 4～5 个学习活动，包括明确任务和知识准备、实施任务、检查及评价、任务拓展、动手计算。每个学习活动中都采用引导性的问题，激发学生探究的兴趣，促进学生主动思考和学习。

本书可供高等职业院校化妆品技术专业学生学习使用，也可供化妆品初学者培训使用。

图书在版编目（CIP）数据

化妆品原料学习辅导 / 杨承鸿，刘纲勇主编. —北京：化学工业出版社，2021.10
ISBN 978-7-122-39625-9

Ⅰ. ①化… Ⅱ. ①杨… ②刘… Ⅲ. ①化妆品-原料-高等学校-教学参考资料 Ⅳ. ①TQ658

中国版本图书馆 CIP 数据核字（2021）第 149412 号

责任编辑：提 岩 张双进 文字编辑：王 芳
责任校对：宋 玮 装帧设计：李子姮

出版发行：化学工业出版社（北京市东城区青年湖南街 13 号 邮政编码 100011）
印 装：中煤（北京）印务有限公司
787mm×1092mm 1/16 印张 11¾ 字数 278 千字 2022 年 1 月北京第 1 版第 1 次印刷

购书咨询：010-64518888 售后服务：010-64518899
网 址：http://www.cip.com.cn
凡购买本书，如有缺损质量问题，本社销售中心负责调换。

定 价：45.00 元 版权所有 违者必究

前言

为深化高素质复合型技术技能人才培养培训评价模式改革，2019 年《国家职业教育改革实施方案》提出，"建设一大批校企'双元'合作开发的国家规划教材，倡导使用新型活页式、工作手册式教材并配套开发信息化资源"。为适应社会发展与时代要求，职业教育的人才培养目标在于培养出生产、建设、管理与服务行业等一线的应用技术型人才，因此要求其建立具有自身特点和风格的教育教学体系，不断提高教学质量。职业教育中的教材开发已成为当前职业院校教育改革的重要任务。

化妆品原料知识对化妆品技术专业人才是必不可少的，也是化妆品配方研发的基础。为此，刘纲勇博士联合企业化妆品领域资深专家和相关高校化妆品技术专业老师共同编写了《化妆品原料》教材。然而单独使用这本教材，在教学过程中容易形成教师主导的教学模式，不利于学生的自主学习，要达到培养创新型、发展型人才的目标还有一定差距。

《化妆品原料学习辅导》是新型活页式教材，其思路是以练代教，重点突出学生的"自主"学习。在教学过程中不再是教师主导，而是由学生个体通过自主学习，对基本"学习任务"进行扩充，整个学习过程结束时才最终形成记录学生个体特色的"自主学习材料"，充分体现"工学结合"核心理念。该学习模式的意义在于以任务为引导，以实际操作的形式来激发学生的学习兴趣，有助于学生消化教学内容。

本书将《化妆品原料》教材的每一个章节分解成相对独立的学习任务。学习任务是化妆品原料应用的"典型工作任务"，典型工作任务是企业技术岗位一线专家与职业教育课程专家一起，分析了化妆品行业配方师岗位对化妆品原料知识的要求，以国家及行业标准为依据，并参考化妆品原料的发展趋势，共同选取和设计。典型工作任务的设计体现企业真实的工作任务，是将企业真实的工作任务转化为相关的学习任务。要强调的是，典型工作任务是从工作内容中提炼出来的，并不是企业工作任务的简单复制，而是将其按照教育教学的要求，对具有技术含量的任务进行修正的结果，既体现了课程学习内容与企业生产实践的紧密结合，又构建出高职教育"系统的应用性知识体系"。

学习任务的完成是按老师给出的实施方案并在教师指导下进行的，这是教、学、做一体化教学的阶段。

在完成任务的过程中，教师提供给学生完成任务的思路与程序，重在引导学生正确做事并引导学生思考，同时完成知识与技能的学习。

学生在完成任务的过程中要有"做中学"的意识,要学会思考,不仅要达到"能做"的目标,还要经常思考"为什么要这么做?能不能那么做?……"这样得到的就不仅仅是答案,更是受益终身的学习能力。

教师在教学过程中,要有"做中教"的意识,适时引导学生思考,并在他们需要时适当做一下同学们的"拐杖",给他们以帮助、指导知识点梳理,同时,一定要记住,从一开始就务必要让学生养成良好的工作习惯,关注细节,这会让你的学生与众不同!

一个学习任务下面设计了若干学习活动,学习活动的主体是引导性问题,学生通过完成一个个引导性问题就可以完成学习活动。因此本教材在引导性问题的设计上,在符合实际的前提下,以学生为主体,使得学生在完成一个个问题的过程中学到理论知识,达到预定的能力目标,构建相关的应用知识体系。应该说,学习活动不是简单地回答问题,学生应理解本课程的核心内容是学会"如何分析问题,查找规律,得出结论""如何完成特定的工作任务",从而学会"学习和工作",会自主学习与工作。

学习活动的组织形式采用小组讨论,通过与同学分享学习心得,听取同组同学的不同意见,成绩评定采用同组互评、异组互评等方式,提高学生的学习热情,培养表达能力,培养分享、倾听、包容的素养,构建团队精神,将社会主义核心价值观融入课堂。

本书体现了学习成长不是简单的"从不知到知"的知识学习和积累过程,而是"如何获取知识、发现问题、解决问题"的能力发展过程。

本书由杨承鸿、刘纲勇任主编。具体编写情况为:学习任务 1 由付永山、谢志辉编写;学习任务 2 由杨承鸿、赵仕芝、刘纲勇编写;学习任务 3 由高燕、何洛强编写;学习任务 4 由蒋蕻、黄红斌编写;学习任务 5 由陈芳芳、何朝晖、肖雄编写;学习任务 6 由杨承鸿、赵仕芝编写;学习任务 7 由许莹莹、赵仕芝编写;学习任务 8 由吕艳羽、肖雄编写;学习任务 9 由施彦彦、曾万祥编写;学习任务 10 由刘苏亭、肖雄编写;学习任务 11 由杨承鸿、曾万祥编写;学习任务 12 由林晓芝、谢志辉编写。全书由杨承鸿统稿。

由于本书的编写力图体现教学改革的实践和探索,不完善、不成熟之处在所难免,真诚希望广大读者给我们提出宝贵的改进意见和建议。

编　者

2021 年 6 月

活页式教材使用说明

一、页码编排方式

为了方便地在教材中增删和替换内容，页码采用"学习任务编号—学习活动编号—页码号"三级编码方式，例如"3-2-4"表示"学习任务3"的"学习活动2"的第4页。

二、学习任务使用方法

每个单元的学习任务包括以下内容：

一、学习目标

二、建议学时

三、工作情景描述

四、工作流程与活动

学习活动1　明确任务和知识准备

学习活动2　实施任务

学习活动3　检查及评价

学习活动4　任务拓展

学习任务5　动手计算（部分章节有）

首先，同学们通过阅读"学习目标""建议学时""工作情景描述"，明确本单元的学习任务；然后，在教师的指导下，分组开展"学习活动1　明确任务和知识准备"和"学习活动2　实施任务"，完成本单元的学习任务；接着，师生共同进行"学习活动3　检查与评价"，对任务完成情况进行评价；最后，由同学们独立完成"学习活动4　任务拓展"，以实现在掌握本单元知识点的基础上举一反三，掌握同类原料的应用。"学习活动5　动手计算"可以帮助同学们通过计算深化对原料性质的认识。

三、考核评价表的使用方法

"学习活动3　检查及评价"中设计了考核评价表，包括"自我评价""小组评价""教师评价""综合等级"等，表头上有"班级""姓名""学号"等信息栏，可以从活页教材中取出，填写后单独提交。

四、教材内容更新及参考答案的获取方法

本教材将根据行业的发展，不断补充、更新学习任务和学习活动，教师可以从化学工业出版社教学资源网（www.cipedu.com.cn）下载最新资料及参考答案。

五、参考书的选用

本教材作为《化妆品原料》（第二版）的配套学习辅导书，主要参考书为《化妆品原料》（第二版）。此外，学生还可通过互联网学习该参考书上没有提到的原料。

目录

学习任务 1
乳化剂

 学习目标

1. 熟悉乳化剂的分类。
2. 熟悉乳化剂的结构特征。
3. 熟悉常用的乳化剂的名称、性质、应用。
4. 熟悉乳化剂的配对使用。
5. 能从产品配方中识别出常用乳化剂。
6. 能根据乳化剂的类型判断乳液的类型。

建议学时

学习活动 1~5　共 4 学时。

工作情景描述

假设你作为企业打板员，工程师给出以下配方，要你自己制订制备工艺。

现在先进行第一步，根据配方表确定该乳液产品是 W/O 型还是 O/W 型。

组相	商品名	原料名称
A	去离子水	水
	卡波姆 941	卡波姆
	甘油	甘油
	汉生胶	黄原胶
	EDTA-2Na	EDTA 二钠
B	PG200	鲸蜡硬脂醇、PEG-20 硬脂酸酯
	凡士林	矿脂
	GTCC	辛酸/癸酸甘油三酯
	DC200/100	聚二甲基硅氧烷
	305	聚丙烯酰胺、C_{13} ~ C_{14} 异链烷烃、月桂醇聚醚-7

组相	商品名	原料名称
C	水溶性油脂	PEG/PPG-14/7 二甲基醚
	生物糖胶	水、生物糖胶-1、苯氧乙醇、辛酰羟肟酸
	葡聚糖	β–葡聚糖
D	DM920	丙二醇、苯氧乙醇、乙基己基甘油、辛酰羟肟酸
	香精	

工作流程与活动

学习活动 1　明确任务和知识准备

学习活动 2　实施任务

学习活动 3　检查及评价

学习活动 4　任务拓展

学习任务 5　动手计算

学习活动 1

明确任务和知识准备

 学习目标

1. 能制定完成任务的步骤。
2. 能解释乳化剂的定义、结构特征、特性参数。
3. 能对乳化剂进行分类。
4. 能对乳化剂进行配对。

学习过程

（一）明确工作任务

1. 根据工作情景描述，写出完成本任务的步骤。

2. 什么是乳化剂？乳化剂如何分类？

3. 乳液有哪些类型？

（二）聚乙二醇类乳化剂

1. 脂肪醇聚氧乙烯醚

（1）填写下表。

名称	结构式	外观	乳化类型	亲水基团	亲油基团	添加量
硬脂醇聚醚-2						
硬脂醇聚醚-21						

（2）脂肪醇聚氧乙烯醚的状态都是固态吗？分子结构和外观之间有什么规律？分子结构和 HLB 值之间有什么规律？

(3) 脂肪醇聚氧乙烯醚类乳化剂是如何制备的?

2. 聚乙二醇脂肪酸酯类
(1) 填写下表。

名称	结构通式	外观	HLB 值/乳化类型	亲水基团	亲油基团	添加量
PEG-30-二聚羟基硬脂酸酯						
PEG-100 硬脂酸酯						

(2) 除了表中列出的两个,其他的聚乙二醇脂肪酸酯乳化剂还包括哪些? 主要在哪些基团上做了改变?

(3) 聚乙二醇脂肪酸酯的分子结构和外观、HLB 值之间有什么规律?

(4) 脂肪醇聚氧乙烯醚和聚乙二醇脂肪酸酯类乳化剂在应用方面给你印象最深的是什么?

(三) 硅油类乳化剂
1. 填写下表。

名称	商品名	外观	HLB 值/乳化类型	亲水基团	亲油基团	添加量
鲸蜡基聚乙二醇/聚丙二醇-10/1 二甲基硅氧烷						
双-PEG/PPG-14/14 聚二甲基硅氧烷						

2．硅油类乳化剂是如何制备的？

3．常用有机硅类乳化剂的乳化类型有哪些？哪些基团的结构改变了？HLB 值和结构的关系是什么？

4．硅油类乳化剂在应用方面给你印象最深的是什么？

（四）甘油酯类

1．填写下表。

名称	结构式	外观	HLB 值/乳化类型	亲水基团	亲油基团	添加量
甘油硬脂酸酯						
甘油油酸酯						

2．甘油酯类乳化剂是如何制备的？

3．常用甘油酯类乳化剂有哪些？哪些基团的结构改变了？结构和外观、HLB 值之间存在什么规律？

4．甘油酯类乳化剂在应用方面给你印象最深的是什么？

（五）聚甘油脂肪酸酯

1．填写下表。

名称	结构式	外观	HLB 值/乳化类型	亲水基团	亲油基团	添加量
聚甘油-10 脂肪酸酯						
聚甘油-3 二硬脂酸酯						

2．聚甘油脂肪酸酯乳化剂如何制备？

3．常用聚甘油脂肪酸酯乳化剂有哪些？哪些基团的结构改变了？结构和外观、HLB值之间存在什么规律？

4．聚甘油脂肪酸酯乳化剂在应用方面给你印象最深的是什么？

（六）山梨醇类

1．填写下表。

名称	结构式	外观	HLB 值/乳化类型	俗名	亲水基团	亲油基团	添加量
山梨坦硬脂酸酯							
聚氧乙烯失水山梨醇脂肪酸酯							

2．司盘类乳化剂如何制备？吐温类呢？

3．常用山梨醇类乳化剂有哪些？哪些基团的结构改变了？结构和外观、HLB 值之间存在什么规律？

4．山梨醇类乳化剂在应用方面给你印象最深的是什么？

（七）糖类衍生物

1．填写下表。

名称	外观	HLB 值/乳化类型	亲水基团	亲油基团	添加量
鲸蜡硬脂基葡糖苷					
蔗糖硬脂酸酯					

2．糖类衍生物如何制备？有什么性能特点？

3．常用糖类衍生物有哪些？

4．糖类衍生物在应用方面给你印象最深的是什么？

（八）阴离子乳化剂

1．填写下表。

名称	结构式	外观	HLB 值/乳化类型	亲水基团	亲油基团	添加量
鲸蜡醇磷酸酯钾						
硬脂酰谷氨酸钠						

2．什么是 Krafft 点？

3．阴离子乳化剂给你印象最深的是什么？

（九）阳离子乳化剂

1. 填写下表。

名称	结构式	外观	HLB 值/乳化类型	亲水基团	亲油基团	添加量
二硬脂基二甲基氯化铵						
棕榈酰胺丙基三甲基氯化铵						

2. 阳离子乳化剂给你印象最深的是什么?

（十）两性乳化剂

1. 填写下表。

名称	外观	HLB 值/乳化类型	俗称	亲水基团	亲油基团	添加量
大豆卵磷脂						
羟基化卵磷脂						

2. 常用两性乳化剂有哪些? 哪些基团的结构改变了?

3. 两性乳化剂给你印象最深的是什么?

（十一）知识小结

1. 乳化剂具有（   ）作用,可以分为（   ）、（   ）、（   ）、
（   ）。

2. 填写下表。

类型	举例	亲水基团	亲油基团	特征指标
非离子乳化剂				
阴离子乳化剂				
阳离子乳化剂				
两性乳化剂				

3. 乳化剂按照其在水中是否电离可分为（ 　　 ）和（ 　　 ）。

4. HLB 值也称为（ 　　 ），用于衡量表面活性剂（ 　　 ）分子中亲水基和亲油基之间的大小和力量平衡程度的数值，HLB 值越大代表（ 　　 ），HLB 值越小代表（ 　　 ）。

5. 每一个乳化剂都有相应的 HLB 值，可作为选择和使用乳化剂的定量指标。一般而言，乳化剂的 HLB 值在（ 　　 ）之间，HLB 值在 3~6 的乳化剂适于作（ 　　 ）型乳化剂，HLB 值在 8~18 适合作（ 　　 ）型乳化剂。

6. 写出以下乳化剂的类型。

序号	乳化剂名称	类型
1	油醇聚醚-10	
2	甘油油酸酯	
3	硬脂酰乳酸钠	

7. 液晶型乳化剂有（ 　　 ）、（ 　　 ）。

（十二）常用复配乳化剂知识

1. 为了方便使用，很多原料公司将乳化剂复配后销售，市面上部分常见乳化剂列表如下。

序号	商品名	INCI 名称	标准中文名称
1	GP200	Cetearyl Alcohol/PEG-20 Stearate	鲸蜡硬脂醇/PEG-20 硬脂酸酯
2	SEPIGEL 305	Polyacrylamide /$C_{13\sim14}$ Isoparaffin /Laureth-7	聚丙烯酰胺/$C_{13\sim14}$异链烷烃/月桂醇聚醚-7
3	SP-8816	Polysilicone-9/Sorbitan Isostearate/Sorbityl Laurate	聚硅氧烷-9/山梨坦异硬脂酸酯/山梨醇月桂酸酯
4	SENSANOV WR	$C_{20\sim22}$ Alcohols /$C_{20\sim22}$ Alkyl Phosphate	$C_{20\sim22}$醇/$C_{20\sim22}$醇磷酸酯
5	SIMULGEL EG	Water/Polysorbate 80/Isohexadecane /Sodium Acrylate/Sodium Acryloyldimethyl Taurate Copolymer	水/聚山梨醇酯-80/异十六烷/丙烯酸钠/丙烯酰二甲基牛磺酸钠共聚物
6	KSG-210	Dimethicone(and) Dimethicone/PEG-10/15 Crosspolymer	聚二甲基硅氧烷/聚二甲基硅氧烷/PEG-10/15 交联聚合物
7	橄榄液晶乳化剂	Sorbitan Olivate/Cetearyl Glucoside	山梨坦橄榄油酸酯/鲸蜡硬脂基葡糖苷
8	GMS165 （合德）	Glyceryl Stearate/ PEG-100 Stearate	甘油硬脂酸酯/PEG-100 硬脂酸酯

注：INCI 为国际化妆品原料命名。

2. 上表中乳化剂哪些是 W/O 型乳化剂，哪些是 O/W 型乳化剂，哪些是 W/Si 型乳化剂?

乳化类型	商品名
W/O	
O/W	
W/Si	

学习活动 **2**

实施任务

 学习目标

1. 能找出指定配方中的乳化剂。
2. 能对配方中的乳化剂进行分类，写出其结构，找出它的亲油基团和亲水基团。
3. 能根据乳化剂性质判断乳液类型。

学习过程

1. 勾选出配方中的乳化剂。

组相	商品名	原料名称	乳化剂
A	去离子水	水	
	卡波姆 941	卡波姆	
	甘油	甘油	
	汉生胶	黄原胶	
	EDTA-2Na	EDTA 二钠	
B	PG200	鲸蜡硬脂醇、PEG-20 硬脂酸酯	
	凡士林	矿脂	
	GTCC	辛酸/癸酸甘油三酯	
	DC200/100	聚二甲基硅氧烷	
	305	聚丙烯酰胺、$C_{13\sim14}$异链烷烃、月桂醇聚醚-7	
C	水溶性油脂	PEG/PPG-14/7 二甲基醚	
	生物糖胶	水、生物糖胶-1、苯氧乙醇、辛酰羟肟酸	
	葡聚糖	β–葡聚糖	
D	DM920	丙二醇、苯氧乙醇、乙基己基甘油、辛酰羟肟酸	
	香精		

2. 写出上述每一个乳化剂的分子结构式，指出它的亲油基团和亲水基团。

名称	分子结构式	归类	外观	HLB 值/乳化类型	亲水基团	亲油基团

3. 配方中的乳化剂包含在哪两个复配产品中？

4. 制备产品时，乳化剂是溶于油相还是水相？

5. 该产品是 W/O 型产品还是 O/W 型产品？

6. 如果将产品中的 305 乳化剂替换成 EG 乳化剂，可以降低产品的厚重肤感，这说明什么问题？

7. 产品中的乳化剂可以替换成其他乳化剂吗？如果要替换，需要注意什么？

学习活动 **3**
检查及评价

 学习目标

1. 能判断配方中乳化剂查找的正确性。
2. 能纠正乳化剂列表的错误。
3. 能对乳化剂的应用做出正确判断。

学习过程

1. 检查

项目	出错的乳化剂名称	出错原因
乳化剂查找的正确性		
乳化剂结构分析的正确性		
乳化剂替换解释的合理性		

2. 评价

按照客观、公平和公正的原则，在教师的指导下以自我评价、小组评价和教师评价三种方式对自己和他人在本学习任务中的表现进行综合评价。

考核评价表

班级		学号		姓名			
评价项目	评价标准	评价方式			权重	得分小计	总分
		自我评价	小组评价	教师评价			
职业素养与关键能力	1. 能总结概括知识点 2. 能用知识解决问题 3. 能参与小组讨论，相互交流 4. 能积极主动，勤学好问 5. 能清晰、准确表达				40%		
专业能力	达到学习任务 1 的学习目标				60%		
综合等级		指导老师签名				日期	

学习活动 **4**
任务拓展

✐ 学习目标

1. 能找出膏霜类化妆品中常见的乳化剂。
2. 能对乳化剂进行分类，并指出其亲油基团和亲水基团。
3. 能判断膏霜的类型。

◌ 学习过程

1. 找一个膏霜类化妆品，列出产品配方。
2. 找出其中的乳化剂，填写表格。
3. 判断膏霜的类型。
4. 和小组其他成员分享你的成果。

产品名称：

产品配方：

配方中的乳化剂及其性能特点

名称	归类	外观	HLB 值/乳化类型	亲水基团	亲油基团

产品类型（W/O 或者 O/W）：

学习活动 5
动手计算

学习目标

1. 掌握 HLB 值法选择乳化剂的依据。
2. 能计算复配乳化剂的 HLB 值。

学习过程

1. 什么是乳化剂的 HLB 值?

2. HLB 值理论: 不同的油相都有一个被乳化所需要的 HLB 值, 和油相所需 HLB 值一致时, 才可获得最好的乳化效果, 只有当乳化剂的亲油基和油相亲和力很强, 亲水基和水相的亲和力很强, 而且这两个亲和力达到某种程度的平衡时, 才能保证表面张力最低, 乳化效果最好。

一般来说, W/O 型乳化剂的 HLB 值范围为 2 ~ 8, 而 O/W 型乳化剂的 HLB 值一般大于 8, 以 8 ~ 18 为佳。

3. HLB 值理论的应用

（1）单一乳化剂

已知羊毛脂在 O/W 型乳液中被乳化所需的 HLB 值为 10.0。现检索到部分乳化剂, 其对应的 HLB 值如下表。

乳化剂名称	离子类型	HLB 值
Span60	非离子	4.7
Tween81	非离子	10.0
Tween60	非离子	14.9

应该选哪一个乳化剂来乳化羊毛脂?

(2) 假设一个乳化剂由 Span60 和 Tween60 复配而成, 其中 Span60 占 30%, Tween60 占 70%, 则该乳化剂的 HLB 值是多少?

(3) 假设 Tween81 买不到, 能用 Span60 和 Tween60 复配来替换吗? 各占多少比例呢?

 学习小结

从以上计算你可以得到什么结论? 把你的结论和同学分享一下。

学习任务 2
增稠剂

学习目标

1. 熟悉增稠剂的分类。
2. 熟悉增稠剂的结构特征和增稠原理。
3. 熟悉常用的增稠剂的名称、性质、应用。
4. 能从产品配方中识别出常用增稠剂。

建议学时

学习活动 1~4　共 4 学时。

工作情景描述

某工厂保湿凝胶产品配方如下表，现在企业采购员反馈卡波姆 940 缺货，你作为配方师，需要找一个原料替代卡波姆 940。

序号	原料名称
1	水
2	甘油
3	丙二醇
4	苯氧乙醇
5	卡波姆 940
6	三乙醇胺
7	羟苯甲酯
8	乙基己基甘油

工作流程与活动

学习活动 **1**

明确任务和知识准备

 学习目标

1. 能制定完成任务的步骤。
2. 能解释增稠剂的定义、结构特征。
3. 能对增稠剂进行分类。
4. 熟悉常用增稠剂的应用特点。

学习过程

（一）明确工作任务

根据工作情景描述，写出完成本任务的步骤。

（二）增稠剂概述

1. 你认为化妆品中为什么要使用增稠剂？把你的答案和同学分享。

2. 增稠剂作用机理见下表：

作用机理	聚合物举例	分子式	增稠机理示意图
链缠绕增稠			
共价交联增稠			
缔合增稠			

（三）有机天然水溶性增稠剂

1. 三个典型的有机天然水溶性增稠剂见下表：

名称	别名	来源	外观	优劣	添加量
黄原胶					
瓜尔豆胶					
卡拉胶					

2．还有哪些有机天然水溶性增稠剂？你能把它们按某一种特征进一步归类吗？把分类结果和同学分享（例如来源、应用等）。

3．具有保湿性的增稠剂是（　　　　），可以用作食品添加剂的是（　　　　），能做出高透明高强度的、具有高假塑性产品的凝胶是（　　　　）。

（四）有机半合成水溶性增稠剂

1．三个典型的有机半合成水溶性增稠剂见下表：

名称	简称	结构式	外观	优劣	添加量
甲基纤维素					
淀粉辛烯基琥珀酸铝					
PEG-120 甲基葡糖二油酸酯					

2．纤维素类增稠剂还有哪些？在结构上有什么特征基团？你能把它们按某一种特征进一步归类吗？把分类结果和同学分享。

（五）有机合成水溶性增稠剂

1．三个典型的有机合成水溶性增稠剂见下表：

名称	结构式	外观	优劣	添加量
卡波姆				
聚乙二醇				
PEG-150 二硬脂酸酯				

2．丙烯酸酯类增稠剂还有哪些？你能把它们按某一种特征进一步归类吗？把分类结果和同学分享。

3．聚乙二醇有很多种型号，所有的聚乙二醇都是增稠剂吗？聚乙二醇应该如何分类？

4．自乳化增稠剂由什么组成？外观怎样？溶于油还是水？市售都有哪些产品？使用时还需搭配其他乳化剂吗？

5．配方对比

将配方中的卡波姆 940（配方一）改成丙烯酸（酯）类/$C_{10~30}$ 烷醇丙烯酸酯交联聚合物（配方二），两个配方的差异见下表：

项目	特征	
	配方一	配方二
外观	透明、不能流动	透明（透明度比配方一好）、可以流动
肤感	容易化水，清爽	不太容易化水，黏腻
电解质敏感度	敏感	不敏感

请解释产品差异的原因，并讨论使用增稠剂作为产品原料时，要考虑什么问题？

（六）微粉增稠剂

1．三个典型的微粉增稠剂见下表：

名称	外观	制法	结构	分散体系	优劣	添加量
硅酸镁锂						
司拉氯铵膨润土						
微晶纤维素						

2．微粉增稠剂共同的特征是什么？

（七）思考

请根据以下现象，总结化妆品的增稠方法：

1．凝胶产品中，加入卡波姆，产品稠度增加。

2．制备洗发水时，加入 6501 产品稠度增加，或者加入 NaCl，产品稠度增加。

3．膏霜产品中，加入 1618 醇，产品稠度增加。

4．制备 W/O 的素颜霜时，将油的比例从 30%降到 20%，产品稠度增加。

（八）知识总结

1．（　　　　）是能提高熔体黏度或液体黏度的助剂，是一种流变助剂。它可以提高流体的黏度，使流体保持均匀稳定的悬浮状态、乳浊状态或形成凝胶状态，是具有（　　　　）、（　　　　）、（　　　　）、（　　　　）等多种功能的一类物质。

2．增稠剂增稠的原理包括（　　　　）、（　　　　）、（　　　　）。

3．增稠剂根据是否溶于水，可以分为水溶性增稠剂和（　　　　），其中水溶性增稠剂根据来源和结构的不同，可分（　　　　）、（　　　　）、（　　　　）。

学习活动 2

实施任务

 学习目标

1. 能指出卡波姆 940 在配方中的作用及卡波姆 940 的优劣。
2. 能对卡波姆进行合理替换。

学习过程

1. 写出配方中卡波姆的作用。

2. 卡波姆是哪一类增稠剂？它的优点和缺点是什么？

3. 配方中的三乙醇胺可以去除吗？为什么？可以用其他原料替换吗？

4. 你觉得配方中的卡波姆能替换成其他原料吗？如果替换了会有什么样的效果？和
   同学探讨一下你的结论。

学习活动 **3**

检查及评价

 学习目标

1. 能判断卡波姆 940 的作用。
2. 能判断增稠剂替换的合理性。

学习过程

1. 检查

项目	是否出错	出错原因
卡波姆作用描述的正确性		
卡波姆特点描述的正确性		
增稠剂替换的合理性		

2. 评价

按照客观、公平和公正的原则，在教师的指导下以自我评价、小组评价和教师评价三种方式对自己和他人在本学习任务中的表现进行综合评价。

考核评价表

班级		学号		姓名				
评价项目	评价标准	评价方式			权重	得分小计	总分
		自我评价	小组评价	教师评价			
职业素养与关键能力	1. 能总结概括知识点 2. 能用知识解决问题 3. 能参与小组讨论，相互交流 4. 能积极主动，勤学好问 5. 能清晰、准确表达				40%		
专业能力	达到学习任务 2 的学习目标				60%		
综合等级		指导老师签名				日期	

学习活动 4

任务拓展

🚀 学习目标

1. 能找出膏霜类化妆品中常见的增稠剂。
2. 能对增稠剂进行分类。

学习过程

1. 找一个膏霜类化妆品，列出产品配方。
2. 找出其中的增稠剂，列成表格。
3. 和小组其他成员分享你的成果。

产品名称：

产品配方：

配方中的增稠剂及其性能特点

名称	归类	外观	特点及应用

学习任务 3
香料香精

学习目标

1. 熟悉香料、香精的分类。
2. 了解天然香料制品的分类及制备方法。
3. 熟悉常用香料的香气特征及应用情况。
4. 了解香精的调配过程。
5. 了解不同日化产品的加香量。
6. 了解日化产品加香可能出现的问题及引起的原因。

建议学时

学习活动1~4　共4学时。

工作情景描述

作为一名市场监督人员，在做市场普查时，发现某香水销售人员强调其香料成分都是纯天然的，该香水的配方表如下，请判断该销售人员所说的是否属实。

序号	原料名称
1	紫罗兰花净油
2	母菊花油
3	玫瑰油
4	灵猫香净油
5	佳乐麝香
6	檀香油
7	3%龙涎香酊剂
8	3%麝香酊剂
9	95%乙醇
10	二丙二醇（DPG）
11	水

🔗 工作流程与活动

学习活动 1　明确任务和知识准备

学习活动 2　实施任务

学习活动 3　检查及评价

学习活动 4　任务拓展

学习活动 **1**
明确任务和知识准备

 学习目标

1. 能制定完成任务的步骤。
2. 能解释香料、香精的定义。
3. 能对香料、香精进行分类。

学习过程

（一）明确工作任务

1. 根据工作情景描述，写出完成本任务的步骤。

2. 什么是香料？什么是香精？两者之间是什么关系？

（二）香料

1. 你认为化妆品中添加香料、香精有什么作用？说得越多越好。

2. 你认为香料按有香物质来源可以分为哪几类？请任意列举出几种。

3. 常见香料制品的提取方法。

制品类型	常用提取方法
精油	
浓缩精油	
除萜精油	
浸膏	
净油	
酊剂	
芳香水	
花香脂	
香树脂	

4. 三种常见的天然花香型香料见下表:

名称	别名	提取部位	提取方法	应用
母菊花油				
玫瑰花油				
美丽金合欢油				

5. 三种常见的非花香型天然香料见下表:

名称	别名	提取部位	提取方法	应用
苦橙叶油				
檀香油				
安息香树脂				

6. 三种常见的合成香料见下表:

名称	结构式	应用	香气
α-戊基桂醛			
香叶醇			
酮麝香			

（三）香精

1. 你认为香精是什么?

2. 你认为香精有哪几种分类方式，分别是什么?

3. 按照香料在香精中的挥发度不同，香精的组成如何划分，请按照特征连起来。

头香　　　　香气主体　　　　　　强烈、扩散　　　　停留 5～7h

体香　　　　最后的香气　　　　　定香、留长　　　　停留 15min

尾香　　　　最初闻到的香气　　　稳定、一致　　　　停留 3～4h

4. 香精的生产工艺流程是怎样的，请将缺少的部分填入下列空中。

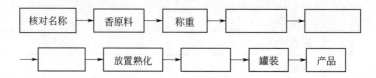

5．常见日化产品加香量如何选择？

A．1%左右   B．1%～3%   C．5%～25%   D．5%左右

E．0.5%左右   F．0.2%左右

香水加香量（　　　　）；   花露水加香量（　　　　）；

膏霜加香量（　　　　）；   口红加香量（　　　　）；

洗发香波加香量（　　　　）；   婴儿用品加香量（　　　　）。

6．通过对以下简单案例的阅读，归纳出影响香精稳定性的因素有哪些？试想一下，该如何避免。

(1) 茉莉花精油中含有吲哚。吲哚对光和热敏感，在光照下会变色。吲哚对 pH 敏感，如果将茉莉香精引入白皂中，白皂会慢慢变成粉色。

(2) 橙花油在高温下会变成红色，还会和香精中的醛类成分发生反应，改变颜色。

(3) 有些精油本身就带有颜色。例如：柑橘类精油，新鲜时颜色比较深，随时间推移会逐渐变浅。

(4) 香豆素在高温和光照下就会变色，并对铁离子敏感，与广藿香精油相遇时会变成红棕色。

(四) 知识小结

请填空。

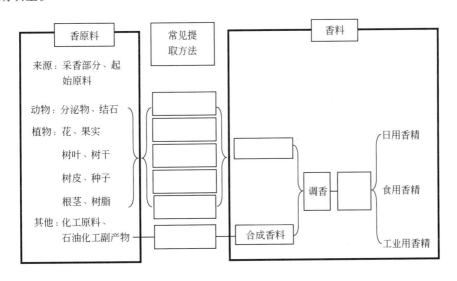

学习活动 2

实施任务

✈ 学习目标

1. 能找出指定配方中的香料。
2. 能对配方中的香料进行分类，并能说明它们的来源和特性。

⬡ 学习过程

1. 勾选出配方中的香料。

序号	原料名称	香料
1	紫罗兰花净油	
2	母菊花油	
3	玫瑰油	
4	灵猫香净油	
5	佳乐麝香	
6	檀香油	
7	3%龙涎香酊剂	
8	3%麝香酊剂	
9	95%乙醇	
10	二丙二醇（DPG）	
11	水	

2. 写出上述每一个香料的归类，指出它的制品类型。

名称	按来源分类	按制品类型分类	按香型分类	制取方法	结构式（合成香料）

3. 该香水的香料成分都是纯天然的吗?

学习活动 3
检查及评价

 学习目标

1. 能判断配方中香料查找的正确性。
2. 能纠正香料归类列表的错误。

 学习过程

1. 检查

项目	出错的香料名称	出错原因
香料查找的正确性		
香料分析的正确性		

2. 评价

按照客观、公平和公正的原则，在教师的指导下以自我评价、小组评价和教师评价三种方式对自己和他人在本学习任务中的表现进行综合评价。

考核评价表

班级		学号		姓名			
评价项目	评价标准	评价方式			权重	得分小计	总分
		自我评价	小组评价	教师评价			
职业素养与关键能力	1. 能总结概括知识点 2. 能用知识解决问题 3. 能参与小组讨论，相互交流 4. 能积极主动，勤学好问 5. 能清晰、准确表达				40%		
专业能力	达到学习任务 3 的学习目标				60%		
综合等级		指导老师签名				日期	

学习活动 4

任务拓展

✐ 学习目标

1. 能找出香水类化妆品中常见的香料、香精。
2. 能对香料、香精进行分类，并能说明它们的来源和特性。

🝛 学习过程

1. 找一个香水类化妆品，列出产品配方。
2. 找出其中的香料，填写表格。
3. 和小组其他成员分享你的成果。

香水的名称：

香水的配方：

香水中香料的列表

名称	按来源分类	按制品类型分类	按香型分类	制取方法	结构式（合成香料）

学习任务 4
着色剂和粉

学习目标

1. 掌握色彩的分类、色彩三属性和颜料颜色产生的机理。
2. 掌握着色剂的分类方法，熟悉各类着色剂的优缺点。
3. 熟悉着色剂和粉的基本性质及着色剂的命名方法。
4. 熟悉化妆品常用焦油类合成染料的类型（主要发色基团）、颜色、溶解性、适用产品、禁忌等。
5. 熟悉化妆品常用的色淀、无机颜料、珠光颜料及粉体原料的性质、适用产品、禁忌等。
6. 能从产品配方中识别着色剂和粉类原料。

建议学时

学习活动 1~4　共 4 学时。

工作情景描述

作为一个销售人员，你正在向客户推销一款眼影，当客户表示担心产品含有重金属，你如何说服客户？

序号	原料名称	序号	原料名称
1	云母	10	二聚季戊四醇三聚羟基硬脂酸酯
2	滑石粉	11	苯基聚三甲基硅氧烷
3	聚甲基丙烯酸甲酯	12	巴西棕榈蜡
4	硅石	13	甘油辛酸酯
5	聚乙烯	14	乙基己基甘油
6	锦纶-12	15	红色氧化铁
7	硬脂酸镁	16	CI77492
8	异壬酸异壬酯	17	CI77499
9	聚甘油-2 三异硬脂酸酯		

工作流程与活动

学习活动 **1**

明确任务和知识准备

 学习目标

1. 能制定完成任务的步骤。
2. 能根据色彩属性辨认常规颜色。
3. 能区分染料和颜料，认识其各自的特性。
4. 能看懂国际颜色索引通用名称及国际颜色索引代码。
5. 能认识化妆品着色剂和粉的基本物理性质及光学性质。
6. 能识别常用的化妆品着色剂和粉，并能掌握其性质、适用产品和使用禁忌等。

学习过程

（一）明确工作任务

1. 根据工作情景描述，写出完成本任务的步骤。

2. 色彩如何分类？色彩三属性是什么？颜料颜色产生的机理是什么？着色剂的命名方法是什么？

（二）有机合成染料与色淀

1. 根据阅读材料，完成下表。

着色剂索引通用中文名	着色剂索引通用名	着色剂索引号	着色剂类别	色相	溶解性	性能	适用产品	安全性	禁忌
食品红 7									
酸性红 92									
红 27 色淀									
红 28 色淀									

2. 酸性红 92、红 27 色淀、红 28 色淀的索引号都是 CI45410，它们在性能、使用及安全性方面有什么相同点和不同点？为什么？

3. 在进行化妆品配方设计时，对染料与色淀的选择主要考虑什么因素？

（三）无机颜料

1. 根据阅读材料，完成下表。

名称	着色剂索引通用中文名	着色剂索引通用名	着色剂索引号	着色剂分子式	颜色	性能	适用产品	安全性	禁忌
氧化铁红 101，102									
氧化铁黄									
氧化铁黑									
氯氧化铋									
二氧化钛									

2. 纳米二氧化钛与普通二氧化钛在性能和用途上有何差别？

3. 颜料粒径是不是越小越好？

（四）珠光颜料

1. 根据市场需求，珠光颜料可以添加到哪些产品中？

2. 以云母为载体的珠光颜料和以硼硅酸铝盐为载体的珠光颜料在用途上有何差异?

3. 珠光颜料的颜色和珠光效果和哪些因素有关?

4. 珠光颜料的使用方法和禁忌有哪些?

（五）天然着色剂

天然着色剂的使用优缺点有哪些?

（六）粉体填充剂

根据阅读材料，完成下表。

名称	主要成分	颜色	性能	作用	适用产品	安全性	禁忌
高岭土							
滑石粉							
硅石							
云母							
蒙脱土							
硬脂酸锌							
聚乙烯							
碳酸镁							

（七）知识小结

1. 着色剂和粉的分类整理见下表。

染料	按来源分	（　　　　）	焦油类着色剂为化妆品着色剂的主要部分，按化学结构分为（　　　　）染料、蒽醌染料、靛类染料、三芳甲烷染料、杂环染料、（　　　　）染料、硫化染料、酞菁染料、（　　　　）染料
		（　　　　）	β-胡萝卜素、叶绿素铜、姜黄素、番茄红素等
	按溶解性分	（　　　　）染料	生产时，放在油相中分散，用于（　　　　）产品或 W/O 产品
		（　　　　）染料	生产时，放在水相溶解均匀，适用于水剂产品或（　　　　）产品
颜料	色淀	水溶性染料沉积在（　　　　）、（　　　　）等载体表面而制得的一种不溶于普通溶剂，但具有高度（　　　　）的颜料	
	无机颜料	（　　　　）无机颜料	朱砂、红土、雄黄等
		（　　　　）无机颜料	钛白、炭黑、氧化铁红、氧化铁黄等
	珠光颜料	由着色剂包覆（　　　　）或其他载体构成。 覆盖云母颜料　载体：（　　　　）；着色剂：二氧化钛、氧化铁等。 钛云母珠光颜料　载体：云母；着色剂：（　　　　）。 硼硅酸铝盐珠光颜料　载体：（　　　　）；着色剂：二氧化钛、氧化铁等	
粉体	粉体填充剂	（　　　　）粉体填充剂：高岭土、滑石粉、硅石、云母、蒙脱土、硫酸钡、一氮化硼等	
		（　　　　）粉体填充剂：硬脂酸镁；锦纶-12；聚乙烯；聚苯乙烯；聚甲基丙烯酸甲酯；HDI/三羟甲基己基内酯交联聚合物、硅石；聚甲基硅倍半氧烷；聚二甲基硅氧烷/乙烯基聚二甲基硅氧烷交联聚合物等	
		（　　　　）填充剂：物理改性淀粉、化学改性淀粉	
	天然粉体	（　　　　）来源：玉米淀粉、小麦淀粉等。	
		（　　　　）来源：铝粉、红宝石粉等。	
		（　　　　）来源：珍珠粉、蚕丝粉等	
	磨砂剂	（　　　　）：氢氧化铝、二氧化硅等。	
		（　　　　）：核桃、杏核等	

2. 化妆品用粉类原料的常用表面处理工艺有哪些？常用的表面处理粉体有哪些？

学习活动 **2**

实施任务

学习目标

1. 能找出配方中的着色剂及粉体原料。
2. 能对配方中的着色剂及粉体原料进行分类，并能说明它们的作用和特性。

学习过程

1. 找出配方中的着色剂和粉体原料，并分辨出着色剂和粉体原料。

序号	原料名称	着色剂或粉	序号	原料名称	着色剂或粉
1	云母		10	二聚季戊四醇三聚羟基硬脂酸酯	
2	滑石粉		11	苯基聚三甲基硅氧烷	
3	聚甲基丙烯酸甲酯		12	巴西棕榈蜡	
4	硅石		13	甘油辛酸酯	
5	聚乙烯		14	乙基己基甘油	
6	锦纶-12		15	红色氧化铁	
7	硬脂酸镁		16	CI77492	
8	异壬酸异壬酯		17	CI77499	
9	聚甘油-2 三异硬脂酸酯				

2. 根据所学，完成下表。

名称	着色剂及粉体的类别（蒽醌染料、色淀、无机颜料、珠光颜料、粉体）	作用	颜色	性能	备注

3. 你能用上面的知识，打消客户关于产品含重金属的疑虑吗？

学习活动 3
检查及评价

 学习目标

1. 能判断着色剂及粉体原料查找的正确性。
2. 能纠正任务实施表中的错误。

学习过程

1. 检查

项目	出错的着色剂及粉体名称	出错原因
着色剂及粉体查找的正确性		
着色剂及粉体分析的正确性		

2. 评价

按照客观、公平和公正的原则，在教师的指导下以自我评价、小组评价和教师评价三种方式对自己和他人在本学习任务中的表现进行综合评价。

考核评价表

班级		学号		姓名				
评价项目	评价标准	评价方式			权重	得分小计	总分	
		自我评价	小组评价	教师评价				
职业素养与关键能力	1. 能总结概括知识点 2. 能用知识解决问题 3. 能参与小组讨论，相互交流 4. 能积极主动，勤学好问 5. 能清晰、准确表达				40%			
专业能力	达到学习任务 4 的学习目标				60%			
综合等级			指导老师签名			日期		

学习活动 **4**

任务拓展

✐ 学习目标

1. 能找出化妆品配方中的着色剂及粉体原料。

2. 能对化妆品配方中的着色剂及粉体原料进行分类，并能说明它们的作用和特性。

◯ 学习过程

1. 选择一个彩妆类化妆品，列出产品配方。

2. 找出配方中的着色剂及粉类原料，填写表格。

3. 和小组其他成员分享你的成果。

彩妆产品的名称：

彩妆产品的配方：

产品中着色剂和粉的列表

名称	着色剂及粉体的类别（蒽醌染料、色淀、无机颜料、珠光颜料、粉体）	作用	颜色	性能	备注

学习任务 5
防腐剂

学习目标

1. 熟悉防腐剂抑制微生物的机制。
2. 熟悉防腐剂与杀菌剂的差异。
3. 熟悉影响化妆品防腐剂性能的因素。
4. 熟悉防腐剂安全性及有效性评价。
5. 熟悉常见的防腐剂原料。
6. 熟悉常见无受限抗菌原料。
7. 能从产品配方中识别出使用的防腐剂。
8. 能根据化妆品的类型判断其使用防腐剂的合理性。

建议学时

学习活动 1~5　共 4 学时。

工作情景描述

作为一个产品备案员，化妆品中的防腐剂是关注的重点，现在技术人员提供以下配方，请核对配方中防腐剂的合规性以及是否有用量限制，并提出你的建议。

组相	序号	原料名称	组相	序号	原料名称
A	1	硬脂酸甘油酯	B	10	黄原胶
	2	硬脂醇聚醚-20		11	水
	3	硬脂酸	C	12	聚二甲基硅氧烷/乙烯基聚二甲硅氧烷交联聚合物
	4	棕榈酸棕榈酯			
	5	肉豆蔻醇肉豆蔻酸酯		13	透明质酸钠
	6	辛基十二醇肉豆蔻酸酯		14	苯氧乙醇
	7	异硬脂酸异丙酯		15	羟苯甲酯
	8	聚二甲基硅氧烷		16	香精
	9	羟苯丙酯			

工作流程与活动

学习活动 1
明确任务和知识准备

 学习目标

1. 能制定完成任务的步骤。
2. 能解释防腐剂的定义、结构特征、特性。
3. 能对防腐剂进行分类。
4. 能对防腐剂进行选择及复配使用。

 学习过程

（一）明确工作任务

1. 根据工作情景描述，写出完成本任务的步骤。

2. 什么是防腐剂？什么是杀菌剂？防腐剂和杀菌剂是什么关系？

3. 防腐剂的理想性质有哪些？

（二）醛类防腐剂

1. 常见醛类防腐剂见下表：

名称	结构式	性状	溶解性	最大添加量	抗菌谱	毒性（LD$_{50}$）	稳定性
双（羟甲基）咪唑烷基脲							
DMDM乙内酰脲							
戊二醛							

2. 醛类防腐剂的状态都是固态吗？防腐剂和杀菌剂之间有什么规律？不同的添加量

对抗菌有什么影响?

3．醛类防腐剂抗菌的机理是什么?

（三）酯类防腐剂

1．填写下表。

名称	结构式	外观	溶解性	最大添加量	抗菌谱	安全性	稳定性
羟苯甲酯							
羟苯丙酯							

2．酯类防腐剂的降解性如何? 酯类防腐剂的抗菌机理是什么?

3．尼泊金酯类包含哪些种类，如何使用?

（四）季铵盐类防腐剂

1．填写下表。

名称	结构式	外观	溶解性	最大添加量	抗菌谱	安全性	稳定性
苯扎氯铵							
季铵盐-15							

2．季铵盐类防腐剂是什么? 其抗菌机理是什么?

（五）酸类防腐剂

1．填写下表。

名称	结构式	外观	溶解性	最大添加量	抗菌谱	安全性	稳定性
苯甲酸							
水杨酸							

2．酸类防腐剂的抗菌活性与什么有关？其抗菌机理是什么？

（六）酚类杀菌剂

1．填写下表。

名称	结构式	外观	溶解性	最大添加量	抗菌谱	安全性	稳定性
苯基苯酚							
o-伞花烃-5-醇							

2．酚类杀菌剂包括哪些？其抗菌机理是什么？

3．酚类杀菌剂有何优缺点？

（七）醇醚类防腐剂

1．填写下表。

名称	结构式	外观	溶解性	最大添加量	抗菌谱	安全性	稳定性
苯氧乙醇							
2-溴-2-硝基-1，3-丙二醇（布罗波尔）							
三氯生							

2．醇醚类防腐剂抗菌机理是什么？

3．醇醚类防腐剂有何优缺点？

（八）噁唑烷类防腐剂

1．填写下表。

名称	结构式	外观	溶解性	最大添加量	抗菌谱	安全性	稳定性
5-溴-5-硝基-1，3-二噁烷							
7-乙基双环噁唑烷							

2. 噁唑烷类防腐剂抗菌机理和特点是什么?

（九）无机盐及其他类

1. 常见无机盐防腐剂见下表。

名称	结构式	外观	溶解性	最大添加量	抗菌谱	安全性	稳定性
硫柳汞							
沉积在二氧化钛上的氯化银							

2. 其他类防腐剂见下表。

名称	结构式	外观	溶解性	最大添加量	抗菌谱	安全性	稳定性
三氯卡班							
甲基异噻唑啉酮							
N-羟甲基甘氨酸钠							

3. 硫柳汞防腐剂使用原则和特点是什么?

4. 卡松是如何配伍的?

（十）无受限抗菌原料

1. 醇类及1,2-二元醇类见下表。

名称	结构式	外观	溶解性	推荐用量	抗菌谱	安全性	稳定性
异丙醇							
1,2-戊二醇							
乙基己基甘油							

2. 有机酸类见下表。

名称	结构式	外观	溶解性	推荐用量	抗菌谱	安全性	稳定性
p-茴香酸							
阿魏酸							
辛酰羟肟酸							

3. 中等链长脂肪酸甘油单酯类见下表。

名称	结构式	外观	溶解性	推荐用量	抗菌谱	安全性	稳定性
甘油辛酸酯							
山梨坦辛酸酯							

4. 芳香酚及芳香醇类见下表。

名称	结构式	外观	溶解性	推荐用量	抗菌谱	安全性	稳定性
桃柁酚							
麝香草酚							
苯乙醇							

5. 植物提取物类见下表。

名称	结构式	外观	溶解性	推荐用量	抗菌谱	安全性	稳定性
印度楝籽油							
茶树精油							

6. 什么是无受限抗菌原料？包括哪些类别？

7. 不同 1,2-烷基二醇的抑菌效果如何？

（十一）其他类

1．填写下表。

名称	结构式	外观	溶解性	最大添加量	抗菌谱	安全性	稳定性
对羟基苯乙酮							

2．对羟基苯乙酮与什么复配?

（十二）知识小结

1．防腐剂的理想性质应该具备（　　　　）、（　　　　）、（　　　　）、（　　　　）、（　　　　）、（　　　　）六种性质。

2．化妆品微生物生长依赖的环境因素包括（　　　　）、（　　　　）、（　　　　）、（　　　　）、（　　　　）、（　　　　）。

3．请填下表。

序号	防腐剂类型	举例	特点
1			
2			
3			
4			
5			
6			
7			
8			
9			
10	无受限抗菌原料		

学习活动 2
实施任务

学习目标

1. 能找出指定配方中的防腐剂。
2. 能对配方中的防腐剂进行分类，并能说明它们的特性。

学习过程

1. 勾选出配方中的防腐剂。

序号	原料名称	防腐剂	序号	原料名称	防腐剂
	A 相			B 相	
1	硬脂酸甘油酯		10	黄原胶	
2	硬脂醇聚醚-20		11	水	
3	硬脂酸			C 相	
4	棕榈酸棕榈酯		12	聚二甲基硅氧烷/乙烯基聚二甲硅氧烷交联聚合物	
5	肉豆蔻醇肉豆蔻酸酯		13	透明质酸钠	
6	辛基十二醇肉豆蔻酸酯		14	苯氧乙醇	
7	异硬脂酸异丙脂		15	羟苯甲酯	
8	聚二甲基硅氧烷		16	香精	
9	羟苯丙酯				

2. 根据上述防腐剂的结构式、分类、性质和功效，完成下表。

名称	结构式	外观	溶解性	最大添加量	抗菌谱	安全性	稳定性

3．若将配方中的苯氧乙醇替换成 DMDM 乙内酰脲，请指出这两个配方的差异，并对两个配方给予评价。

项目	DMDM 乙内酰脲	苯氧乙醇
最大允许浓度		
功效		
过敏反应		

4．配方中的防腐剂还能替换成其他防腐剂吗？如果能，你建议替换成哪个？和同学交流一下你的想法。

学习活动 **3**
检查及评价

🖊 学习目标

1. 能判断配方中防腐剂查找的正确性。
2. 能纠正防腐剂列表的错误。
3. 能判断防腐剂替换的合理性。

⟳ 学习过程

1. 检查

项目	出错的防腐剂名称	出错原因
防腐剂查找的正确性		
防腐剂性能分析的正确性		
防腐剂替换的合理性		

2. 评价

按照客观、公平和公正的原则，在教师的指导下以自我评价、小组评价和教师评价三种方式对自己和他人在本学习任务中的表现进行综合评价。

考核评价表

班级		学号		姓名				
评价项目	评价标准	评价方式			权重	得分小计	总分	
		自我评价	小组评价	教师评价				
职业素养与关键能力	1. 能总结概括知识点 2. 能用知识解决问题 3. 能参与小组讨论，相互交流 4. 能积极主动，勤学好问 5. 能清晰、准确表达				40%			
专业能力	达到学习任务 5 的学习目标				60%			
综合等级			指导老师签名			日期		

学习活动 **4**

任务拓展

学习目标

1. 能找出洗剂类化妆品中常用的防腐剂。
2. 能对防腐剂进行分类，并能说明它们的特性。

学习过程

1. 找一个洗剂类化妆品，列出产品配方。
2. 找出其中的防腐剂，填写表格。
3. 和小组其他成员分享你的成果。

产品名称：

产品配方：

产品中的防腐剂列表

名称	结构式	外观	溶解性	最大添加量	抗菌谱	安全性	稳定性

学习活动 5

动手计算

 学习目标

1. 能正确判断配方中防腐剂使用的合理性。
2. 能正确判断配方中防腐剂用量的合理性。

学习过程

1. 假设你是一名化妆品备案员，以下化妆水的配方能通过备案吗？为什么？

原料名称	用量/%
甘油	5
丙二醇	5
羟苯甲酯	0.12
卡波 940	0.35
水	88.78
三乙醇胺	0.3
卡松	0.45

2. 以下洗发水的配方能通过备案吗？为什么？

原料名称	用量/%	原料名称	用量/%
水	余量	K12A	8
柠檬酸	0.05	6501	8
瓜尔胶	0.6	甘油	4
阳离子纤维素	0.6	盐	1
CAB	3	卡松	0.0012
AES	26	香精	1.0

注：根据原料商提供的信息，AES 中含卡松 0.0014%。

3．从以上案例中可以得出什么结论?

4．请填写以下防腐剂的最大允许浓度、使用范围及限制条件。

防腐剂名称	最大允许浓度	使用范围及限制条件
卡松		
苯氧乙醇		
DMDM 乙内酰脲		

学习任务 6
洗涤护肤助剂

学习目标

1．熟悉洗涤护肤助剂的分类和作用。
2．熟悉常用的洗涤护肤助剂的名称、性质、应用。
3．能从产品配方中识别出常用的洗涤护肤助剂。

建议学时

学习活动1~4　共4学时。

工作情景描述

某洗发水产品配方如下表，作为一个配方工程师，现在你要对新入职的员工进行培训，告诉他们配方中哪些助剂是作为产品原料添加的，哪些助剂是通过原料夹带的。

序号	原料名称	序号	原料名称
1	水	16	聚季铵盐-10
2	月桂醇聚醚硫酸酯钠	17	氢氧化钠
3	二甲苯磺酸钠	18	硬脂醇
4	椰油酰胺 MEA	19	碱式碳酸镁
5	碳酸锌	20	鲸蜡醇
6	乙二醇二硬脂酸酯	21	硝酸镁
7	月桂醇硫酸酯钠	22	聚季铵盐-76
8	椰油酰胺丙基甜菜碱	23	聚萘磺酸钠
9	聚二甲基硅氧烷	24	向日葵籽油
10	氯化钠	25	甲基氯异噻唑啉酮
11	吡硫鎓锌	26	氯化镁
12	（日用）香精	27	甲基异噻唑啉酮
13	瓜儿胶羟丙基三甲基氯化铵	28	EDTA 四钠
14	甘油	29	柠檬酸
15	苯甲酸钠		

工作流程与活动

学习活动 **1**
明确任务和知识准备

学习目标

1. 能制定完成任务的步骤。
2. 能解释各种洗涤护肤助剂的定义，及其在化妆品中的作用。
3. 能对洗涤护肤助剂进行分类。

学习过程

（一）明确工作任务

1. 根据工作情景描述，写出完成本任务的步骤。

2. 什么是洗涤护肤助剂？洗涤护肤助剂如何分类？

（二）溶剂

1. 溶剂通常是指可以溶解（　　　　）、（　　　　）或（　　　　）溶质的（　　　　），大多有（　　　　）特征。溶剂通常是（　　　　）、（　　　　）的液体，溶剂通常（　　　　）溶质产生化学反应。对于两种液体所组成的溶液，通常把含量较多的组分叫（　　　　），较少的叫（　　　　）。

2. 填写下表。

名称	分子式	性质简述	应用	安全性
水	H_2O			
乙醇	CH_3CH_2OH			

3. 还有哪些溶剂？这些溶剂安全性如何？主要用在什么产品里？

（三）推进剂

1. 气雾制品依靠压缩或液化的气体压力将内容物从容器内推压出来，这种供给动力的气体称为（　　　），也称为（　　　）。在（　　　）气雾制品中，内容物和推进剂填充在同一个腔室内，使用时两者一起通过泵头喷出。在（　　　）气雾制品中，内容物和推进剂分别填充在不同的密闭腔室中，使用时只有内容物通过泵头喷出。（　　　）气雾制品主要使用液化气体作为推进剂，（　　　）气雾制品主要使用压缩气体作为推进剂。

2. 列举常见推进剂。

名称	分子式	性质简述	应用	安全性

3. 二元喷雾技术为什么不能完全替代一元喷雾技术呢？你觉得会有新的推进剂出现吗？新的推进剂会有哪些性能特点？

（四）珠光剂

1.（　　　）是性能最好并且应用最广的一类珠光剂。（　　　）除了有珠光效应外还有闪光效应。（　　　）没有闪光效应，产生的是遮光作用，但在单酯中配合上少量的双酯，可使闪烁效应（　　　）。

市售珠光剂的形式有珠光片、珠光块和珠光浆等。（　　　）包装和运输方便，但由于受加热温度、冷却速度等影响，难以产生理想一致的珠光。（　　　）是目前较常采用的配制珠光香波的方法，简化了珠光香波的配制方法，且能保证每批产品珠光效果相一致。

2. 列举常用珠光片。

名称	结构式	性能

3．珠光浆是将（　　　　　）与（　　　　　）、（　　　　　）等原料，在高温下增溶或乳化，搅拌降温后成为浆状或膏状的混合物。珠光浆中珠光片的浓度在（　　　　　），具有强烈珠光光泽。配制洗发水、洗手液和沐浴露等产品时易于配制，（　　　　　）加热设备。

（五）增溶剂

1．（　　　　　）是帮助原本不溶解的溶质在介质中解离、溶解的物质，主要用在（　　　　　）化妆品中。

2．填表。

示意图	增溶方式	增溶能力	被增溶的物质

3．教材中介绍的常见增溶剂是什么？它主要采用哪种增溶方式增溶？还有其他的增溶剂吗？

（六）螯合剂

1．金属原子或离子与含有两个或两个以上配位原子的配体作用，生成具有环状结构的配合物，该配合物叫作（　　　　　）。能生成螯合物的这种配体物质叫（　　　　　），也称为（　　　　　）。由于螯合剂的（　　　　　）作用使螯合物比组成和结构相近的非螯合配位化合物的稳定性高。螯合剂可分为（　　　　　）和（　　　　　）两类。（　　　　　）常作为硬水软化剂。有机类金属离子螯合剂很多，如（　　　　　）、（　　　　　）等。

2．在化妆品中螯合剂的作用是螯合水中或化妆品原料中的（　　　　），防止这些离子对产品（　　　）或（　　　）产生严重影响。增强（　　　）和（　　　）的活性。

3．填写下表

名称	别名	结构式	性质	应用	注意事项
EDTA 二钠					
羟乙二磷酸					

（七）pH 调节剂

1．pH 调节剂也称为（　　　）或（　　　）等，是用来调整或保持 pH 值的一种试剂。pH 调节剂可以是（　　　）或（　　　）、（　　　）或（　　　）、（　　　）或（　　　）。（　　　）与配方中的其他有机原料相容性好，与皮肤的相容性也好，因此刺激性也更低。（　　　）化学上更加稳定，不容易被氧化变色变味。

2．可以用于化妆品的无机酸有哪些?

3．可以用于化妆品的有机酸有哪些? 其中哪些酸几乎无毒? 哪些有防腐作用? 哪些有螯合作用? 哪些有使用限制?

4．碱在化妆品中用作 pH 调节剂，也用于（　　　　）。

5．可以用于化妆品的无机碱主要有哪些? 其中哪些碱几乎无毒? 哪些有螯合作用? 哪些有限用要求?

6．可以用于化妆品的有机碱主要有哪些？

（八）抗氧化剂

1．化妆品（　　　　）是防止或延缓化妆品组分氧化变质的一类添加剂。

2．请写出以下反应式对应的链式反应步骤。

RH $\longrightarrow$ R· or ROO·　　　（　　　　）

R·+O_2 $\longrightarrow$ ROO·

ROO·+RH $\longrightarrow$ ROOH+R·　　（　　　　）

R·+R· $\longrightarrow$ R_2

RO·+RO· $\longrightarrow$ ROOR

ROO·+ROO· $\longrightarrow$ ROOR+O_2　　（　　　　）

3．油脂酸败的影响因素包括（　　　　）、（　　　　）、（　　　　）、（　　　　）、（　　　　）。

4．抗氧化剂的分类（填序号）

抗氧化剂按溶解性分为油溶性和水溶性，其中酚类是油溶性的，包括（　　　　），有机酸、无机酸和无机酸盐是水溶性的，包括（　　　　），两者搭配具有协同抗氧化的效果。

A．维生素E　B．亚硫酸钠　　　C．没食子酸　　　　D．苹果酸　　　E．丁羟甲苯

F．2,5-二叔丁基对苯二酚　　　G．叔丁基对苯二酚　H．草酸　　　　I．柠檬酸

J．酒石酸　　K．丁羟茴醚　　L．硫代二丙酸　　　M．葡萄糖醛酸　N．抗坏血酸

O．琥珀酸　　P．磷酸及其盐类　Q．愈创木酚　　　　R．亚硫酸氢钠

5．填写下表。

名称	英文名或别名	性质	应用
维生素E			
丁羟茴醚			
亚硫酸钠			

（九）无机盐

1．不同种类无机盐在不同配方体系中的作用是不同的。如氯化钠在洗涤产品中可作为（　　　　）；在油包水体系中可作为（　　　　）；氯化锌、氯化铝在化妆水中可

作为（　　　　）或（　　　　　），磷酸氢二钾可作为（　　　　　）。

2. 以下无机盐，可作为抗氧化剂或护色剂的是（　　　　），可作为增稠剂的是
（　　　　），可作为稳定剂的是（　　　　）可作为基础填料的是（　　　　），可作
为防锈剂的是（　　　　），可作为收敛剂的是（　　　　）。

A. 焦亚硫酸钾　　　B. 硫酸钾　　　C. 硫酸镁　　　D. 硫酸钠　　　E. 亚硝酸钠

F. 氯化钙　　　G. 氯化钾　　　H. 氯化镁　　　I. 氯化钠　　　J. 氯化铵

（十）知识总结

1. 洗涤护肤助剂包括（　　　　）、（　　　　）、（　　　　）、（　　　　）、（　　　　）、
（　　　　）、（　　　　）、（　　　　）。

2. 溶剂起到（　　　　）的作用，推进剂可以（　　　　），珠光剂能（　　　　），
增溶剂能（　　　　），螯合剂能（　　　　），pH 调节剂能（　　　　），抗氧化剂
能（　　　　　　　），无机盐可以起到（　　　　）等作用。

学习活动 2

实施任务

 学习目标

1. 能找出指定配方中的助剂。
2. 能对配方中的助剂进行分类，并能说明它们的作用和特性。

 学习过程

1. 勾选出洗发水配方中的助剂。

序号	原料名称	助剂	序号	原料名称	助剂
1	水		16	聚季铵盐-10	
2	月桂醇聚醚硫酸酯钠		17	氢氧化钠	
3	二甲苯磺酸钠		18	硬脂醇	
4	椰油酰胺 MEA		19	碱式碳酸镁	
5	碳酸锌		20	鲸蜡醇	
6	乙二醇二硬脂酸酯		21	硝酸镁	
7	月桂醇硫酸酯钠		22	聚季铵盐-76	
8	椰油酰胺丙基甜菜碱		23	聚萘磺酸钠	
9	聚二甲基硅氧烷		24	向日葵籽油	
10	氯化钠		25	氯化镁	
11	吡硫鎓锌		26	甲基氯异噻唑啉酮	
12	（日用）香精		27	甲基异噻唑啉酮	
13	瓜儿胶羟丙基三甲基氯化铵		28	EDTA 四钠	
14	甘油		29	柠檬酸	
15	苯甲酸钠				

2．写出上述每一个助剂的归类，指出它的作用。

名称	归类	作用

3．你觉得哪些助剂是原料中携带进去的?

学习活动 **3**

检查及评价

 学习目标

1. 能判断配方中洗涤护肤助剂查找的正确性。
2. 能纠正洗涤护肤助剂列表的错误。

学习过程

1. 检查

项目	出错的助剂名称	出错原因
助剂查找的正确性		
助剂分析的正确性		
助剂来源分析的合理性		

2. 评价

按照客观、公平和公正的原则，在教师的指导下以自我评价、小组评价和教师评价三种方式对自己和他人在本学习任务中的表现进行综合评价。

考核评价表

班级		学号		姓名			
评价项目	评价标准	评价方式			权重	得分小计	总分
		自我评价	小组评价	教师评价			
职业素养与关键能力	1. 能总结概括知识点 2. 能用知识解决问题 3. 能参与小组讨论，相互交流 4. 能积极主动，勤学好问 5. 能清晰、准确表达				40%		
专业能力	达到学习任务 6 的学习目标				60%		
综合等级			指导老师签名			日期	

学习活动 4

任务拓展

学习目标

1. 能找出化妆品中常见的助剂。
2. 能正确对助剂进行分类，并能说明它们的作用和特性。

学习过程

1. 找一个洗发产品，列出产品配方。
2. 找出其中的助剂，填写表格。
3. 和小组其他成员分享你的成果。

产品名称:

产品配方:

洗发产品中的助剂列表

名称	归类	作用

学习任务 7
油脂

学习目标

1. 熟悉油脂在化妆品配方中的作用。
2. 熟悉油脂的结构特征及分类。
3. 熟悉油脂的性质及应用。
4. 能从产品配方中识别出常用的油脂。

建议学时

学习任务 1～4　共 8 学时。

工作情景描述

作为配方工程师，你开发了三款化妆品，现在你要培训公司的销售人员，告诉他们你是如何通过选择配方中的油脂，达到这三款化妆品的使用目的的，以帮助他们开展销售宣传。

1. 第一款是膏霜产品，配方如下表：

序号	原料名称	序号	原料名称
1	水	13	矿脂
2	甘油	14	小麦胚芽油
3	棕榈酸乙基己酯	15	熊果苷
4	鲸蜡硬脂醇	16	黄原胶
5	肉豆蔻酸异丙酯	17	聚丙烯酰胺
6	聚二甲基硅氧烷	18	红没药醇
7	角鲨烷	19	EDTA 二钠
8	异壬酸异壬酯	20	羟苯甲酯
9	甘油硬脂酸酯	21	羟苯丙酯
10	烟酰胺	22	苯氧乙醇
11	芦荟提取物	23	香精
12	泛醇		

2. 第二款是 BB 霜产品，配方如下表：

序号	原料名称	序号	原料名称
1	丙烯酸（酯）类/硬脂醇丙烯酸酯/聚二甲基硅氧烷甲基丙烯酸酯共聚物	11	环五聚二甲基硅氧烷
2	丁二醇二辛酸/二癸酸酯	12	聚二甲基硅氧烷（和）聚二甲基硅氧烷/乙烯基聚二甲基硅氧烷
3	甲氧基肉桂酸乙基己酯	13	环己硅氧烷
4	二硬脂二甲铵蒙脱石	14	TiO_2
5	乙基己基甘油	15	氧化铁红
6	鲸蜡基 PEG/PPG-10/1 聚二甲基硅氧烷（ABIL EM90）	16	氧化铁黑
7	水	17	月桂基 PEG-9 聚二甲基硅氧乙基聚二甲基硅氧烷（KF-6038）
8	聚甘油-2—三异硬脂酸酯	18	氧化铁黄
9	苯基聚三甲基硅氧烷	19	合成氟金云母
10	聚二甲基硅氧烷 100	20	丁二醇

3. 第三款是唇膏产品，配方如下表：

序号	原料名称	序号	原料名称
1	白地蜡	5	W445（微晶蜡）
2	凡士林	6	GTCC（辛酸癸酸甘油三酯）
3	羊毛脂	7	1543（棕榈酸异辛酯）
4	聚乙烯蜡		

工作流程与活动

学习活动 1 明确任务和知识准备

学习活动 2 实施任务

学习活动 3 检查及评价

学习活动 4 任务拓展

学习活动 1
明确任务和知识准备

 学习目标

1. 能制定完成任务的步骤。
2. 能理解油脂的定义、结构特征。
3. 能对油脂进行分类。
4. 能对油脂进行选择与复配使用。

学习过程

（一）明确工作任务

1. 根据工作情景描述，写出完成本任务的步骤。

2. 什么是油脂？油脂如何分类？

（二）天然油脂

1. 常见天然植物油脂见下表：

名称	来源	状态	组成	碘值	溶解性	应用
椰子油						
蓖麻油						
向日葵籽油						

2. 天然植物油脂在化学组成上有什么相似之处？这三种油脂哪个最容易氧化？三种油脂的相溶性怎么样？

3．天然植物油脂在化妆品的应用中有哪些优势与劣势？

4．常见天然动物油脂见下表：

名称	来源	组成	外观	溶解性	配伍性	应用
蜂蜡						
角鲨烷						

5．除了表中列出的两个，还有哪些动物油脂？所有的油脂都含有酯的结构吗？

（三）合成油酯

1．常见合成脂肪酸酯类见下表：

名称	结构式	极性	铺展性	状态	优势	应用
油酸癸酯						
碳酸二辛酯						
三异硬脂精						

2．合成脂肪酸酯类在结构上有什么相似之处？油脂的铺展性能直接影响化妆品的肤感及涂布性能，在油脂的复配当中如何提高化妆品的肤感及涂布性能？

3．常用聚硅氧烷见下表：

名称	结构式	状态	极性	优势	劣势
聚二甲基硅氧烷					
环五聚二甲基硅氧烷					

4. 从聚硅氧烷的结构上来看，硅油及其衍生物有哪些优异性能？如何提高硅油特别是高黏度硅油在水或表面活性剂中的溶解性或分散性？

（四）半合成油酯

1. 常用脂肪酸见下表：

名称	结构式	别名	状态	溶解性	极性	应用
月桂酸						
硬脂酸						

2. 在化学结构上半合成油脂脂肪酸共有的官能团是什么，主要具有什么样的化学性质？脂肪酸用作皂基时属于哪一类表面活性剂？

3. 常用脂肪醇见下表：

名称	结构式	别名	状态	溶解性	极性	应用
鲸蜡醇						
硬脂醇						

4. 脂肪醇在化妆品配方中的主要作用是什么？

（五）矿物油脂

1. 常用矿物油脂见下表：

名称	来源	组成	状态	极性	溶解性	应用
矿脂						
微晶蜡						

2. 在化妆品油脂的复配中加入矿物油脂的优缺点是什么?

（六）知识小结

1. 油脂的作用是什么?

2. 根据分子结构的不同，油脂分为哪几类?

3. 从配方的角度分析，口红出现高温发汗的主要原因是什么?

4. 天然油脂除了做润肤剂之外，还有什么用途?

学习活动 2
实施任务

学习目标

1. 能找出指定配方中的油脂。
2. 能对配方中的油脂进行分类，并能说明它们的作用和特性。

学习过程

1. 勾选出配方一中的油脂。

序号	原料名称	油脂	序号	原料名称	油脂
1	水		13	矿脂	
2	甘油		14	小麦胚芽油	
3	棕榈酸乙基己酯		15	熊果苷	
4	鲸蜡硬脂醇		16	黄原胶	
5	肉豆蔻酸异丙酯		17	聚丙烯酰胺	
6	聚二甲基硅氧烷		18	红没药醇	
7	角鲨烷		19	EDTA 二钠	
8	异壬酸异壬酯		20	羟苯甲酯	
9	甘油硬脂酸酯		21	羟苯丙酯	
10	烟酰胺		22	苯氧乙醇	
11	芦荟提取物		23	香精	
12	泛醇				

2．写出上述油脂的归类，指出它的性能和作用。

名称	归类	性能	极性	铺展性	备注

3．若在配方中去掉鲸蜡硬脂醇会有什么影响？

4．配方一中油脂这样配伍的目的是什么？哪一个油脂可以删除？删除后会有什么现象？哪一个油脂可以替换成其他油脂？替换后会有什么现象？

5．勾选出配方二中的油脂。

序号	原料名称	油脂	序号	原料名称	油脂
1	丙烯酸（酯）类/硬脂醇丙烯酸酯/聚二甲基硅氧烷甲基丙烯酸酯共聚物		11	环五聚二甲基硅氧烷	
2	丁二醇二辛酸/二癸酸酯		12	聚二甲基硅氧烷（和）聚二甲基硅氧烷/乙烯基聚二甲基硅氧烷	
3	甲氧基肉桂酸乙基己酯		13	环己硅氧烷	
4	二硬脂二甲铵蒙脱石		14	TiO_2	
5	乙基己基甘油		15	氧化铁红	
6	鲸蜡基 PEG/PPG-10/1 聚二甲基硅氧烷（ABIL EM90）		16	氧化铁黑	
7	水		17	月桂基 PEG-9 聚二甲基硅氧乙基聚二甲基硅氧烷（KF-6038）	
8	聚甘油-2 三异硬脂酸酯		18	氧化铁黄	
9	苯基聚三甲基硅氧烷		19	合成氟金云母	
10	聚二甲基硅氧烷 100		20	丁二醇	

6. 写出上述油脂的归类，指出它们的性能和作用。

名称	归类	性能	极性	铺展性	备注

7. 配方二中聚甘油-2 三异硬脂酸酯起什么作用？能否删除？

8. 配方二中油脂这样配伍的目的是什么？哪一个油脂可以删除？删除后会有什么现象？哪一个油脂可以替换成其他油脂？替换后会有什么现象？

9. 请在下表勾选出配方三中的油脂。

序号	原料名称	油脂	序号	原料名称	油脂
1	白地蜡		5	W445（微晶蜡）	
2	凡士林		6	GTCC（辛酸癸酸甘油三酯）	
3	羊毛脂		7	1543（棕榈酸异辛酯）	
4	聚乙烯蜡				

10. 写出上述油脂的归类，指出它们的性能和作用。

名称	归类	性能	熔点/℃	极性	备注

11. 配方三中油脂这样配伍的目的是什么？哪一个油脂可以删除？删除后会有什么现象？哪一个油脂可以替换成其他油脂？替换后会有什么现象？

学习活动 3
检查及评价

 学习目标

1. 能判断配方中油脂查找的正确性。
2. 能纠正油脂列表的错误。
3. 能判断油脂替换的合理性。

学习过程

1. 检查

项目	出错的油脂名称	出错原因
油脂查找的正确性		
油脂结构分析的正确性		
油脂替换的合理性		

2. 评价

按照客观、公平和公正的原则，在教师的指导下以自我评价、小组评价和教师评价三种方式对自己和他人在本学习任务中的表现进行综合评价。

考核评价表

班级		学号		姓名				
评价项目	评价标准	评价方式			权重	得分小计	总分
		自我评价	小组评价	教师评价			
职业素养与关键能力	1. 能总结概括知识点 2. 能用知识解决问题 3. 能参与小组讨论，相互交流 4. 能积极主动，勤学好问 5. 能清晰、准确表达				40%		
专业能力	达到学习任务 7 的学习目标				60%		
综合等级		指导老师签名				日期	

学习活动 **4**

任务拓展

学习目标

1. 能找出膏霜类化妆品中常见的油脂。
2. 能对油脂进行分类，并能说明它们的作用和特性。

学习过程

1. 找一个膏霜类化妆品，列出产品配方。
2. 找出其中的油脂，列成表格。
3. 和小组其他成员分享你的成果。

产品名称：

产品配方：

产品中的油脂列表

名称	归类	性能	极性	铺展性	备注

学习任务 8
保湿剂

 学习目标

1. 熟悉保湿剂的作用和分类。
2. 熟悉保湿剂的结构特征。
3. 熟悉常用的保湿剂的名称、性质及应用。
4. 能从产品配方中识别出常用的保湿剂。

建议学时

学习活动 1~5　共 4 学时。

工作情景描述

某膏霜产品配方如下表，现在希望在此配方的基础上设计一个高端保湿产品和一个低端保湿产品，作为配方师，你应该如何开展工作呢?

序号	原料名称	序号	原料名称
1	水	15	透明质酸钠交联聚合物
2	甘油	16	甜菜碱
3	丁二醇	17	尿囊素
4	丙二醇	18	甘草酸二钾
5	甘油三酯	19	鲸蜡硬脂醇橄榄油酸酯
6	甘油聚醚-26	20	月桂醇聚醚-7
7	聚二甲基硅氧烷	21	1,2-戊二醇
8	植物甾醇	22	苯氧乙醇
9	木糖醇	23	羟苯甲酯
10	辛基十二醇	24	山梨酸钾
11	烟酰胺	25	EDTA 二钠
12	酵母提取物	26	三乙醇胺
13	银耳提取物	27	香精
14	透明质酸钠		

学习任务

8

工作流程与活动

学习活动 **1**
明确任务和知识准备

学习目标

1. 能制定完成任务的步骤。
2. 能理解保湿剂的定义、结构特征。
3. 能对保湿剂进行分类。
4. 能合理地使用保湿剂。

学习过程

（一）明确工作任务

1. 根据工作情景描述，写出完成本任务的步骤。

2. 什么是保湿剂？保湿剂如何分类？

（二）天然保湿剂

1. 常用天然保湿剂见下表：

名称	来源	组成	结构通式	外观	应用	优势	添加量
木糖醇							
山梨醇							

2. 天然保湿剂都是固态吗？他们在组成上有什么相似之处？你认为天然保湿剂在化妆品中的应用需要解决的问题有哪些？

3. 除了表中列出的两个，还有哪些天然保湿剂？为什么醇结构具有保湿性？所有的保湿剂都含有醇的结构吗？

（三）合成保湿剂

1．常用多元醇类合成保湿剂见下表：

名称	别名	结构式	外观	优势	应用及添加量
甘油					
1,2-丙二醇					
1,3-丙二醇					

2．多元醇类合成保湿剂在结构上有什么相似之处？随着羟基的增加保湿性有什么区别？

3．常用聚多元醇类合成保湿剂见下表：

名称	结构式	外观	优劣	添加量
聚甘油-10				
聚乙二醇				

4．聚甘油和甘油在使用效果上有哪些区别？

5．常用羟乙基脲类合成保湿剂见下表：

名称	别名	结构式	外观	优劣	应用及添加量
羟乙基脲					
尿素					

6．从羟乙基脲的结构上来看，羟乙基脲类保湿剂有哪些优异性能？

(四）知识小结

1．保湿剂的作用是什么?

2．具有哪些结构的物质可作为保湿剂?

3．天然保湿剂除了有保湿作用外，还有什么用途?

4．下列物质中有保湿作用的是（　　　　）。

A．尿囊素　B．甘油聚醚-26　C．精氨酸　D．生物糖胶　E．氢化淀粉水解产物

F．海藻糖　G．β-葡聚糖　　H．甲壳素

5．下表是化妆水产品保湿剂替换后对比案例，在配方二中加入 0.05% 的透明质酸钠，两个配方的差异见下表:

项目	特征	
	配方一	配方二
成分	甘油、丁二醇、羟苯甲酯、EDTA 二钠、水、甜菜碱、PE9010	甘油、丁二醇、羟苯甲酯、透明质酸钠、水、EDTA 二钠、PE9010、甜菜碱
外观	透明，几乎没有黏稠度的液体	透明，有一定黏稠度的液体
肤感	清爽，不黏腻	有一定的滑感和润感，保湿力比配方一强
成本	较低	比配方一高

6．请解释上表产品差异的原因，并讨论在学习保湿剂知识的时候，应该注意哪些方面?

（五）保湿剂的发展趋势

保湿物质的保湿原理可以分为三个层级。

第一级：在皮肤表面进行锁水、减少水分散失，大众市场主要提供这一类产品，未来技术的发展可能主要是基于对几类大分子多糖的应用研究。

第二级：改善皮肤组织结构，增强皮肤吸收水分、通过促进角质层细胞紧致排列，达到保湿目的。这类物质主要在高端日化市场，满足化妆、防晒、修饰等要求，随着敏感人群的增多，此类产品的研究会更加深入。

第三级：通过主动修复皮肤受损细胞、重构皮肤微生态达到保湿目的。这类物质多数在专业线或医美线，研究的未知部分比较多，还需要等待更多的理论诞生。

请将下列物质分类。（可以通过互联网查询相关信息）

第一级：

第二级：

第三级：

A. 甘油	B. 丙二醇	C. 尿素	D. 氨基酸
E. PCA 钠	F. 聚甘油	G. 糖类同分异构体	H. 聚乙二醇
I. 羟乙基脲	J. 透明质酸	K. 葡聚糖	L. 岩藻糖（单糖）
M. 甘油葡糖苷	N. 聚谷氨酸	O. 依克多因	P. 纤连蛋白
Q. 1,3-葡聚糖	R. 酵母菌胞溶物	S. 皮肤益生元	T. 聚天冬氨酸
U. 乳酸菌胞溶物	V. 银耳多糖	W. 生长因子（EGF、KGF）	X. 丁二醇

学习活动 2
实施任务

 学习目标

1. 能找出指定配方中的保湿剂。
2. 能对配方中的保湿剂进行分类，并能说明它们的作用和特性。

学习过程

1. 勾选出膏霜产品配方中的保湿剂。

序号	原料名称	保湿剂	序号	原料名称	保湿剂
1	水		15	透明质酸钠	
2	甘油		16	甜菜碱	
3	丁二醇		17	尿囊素	
4	丙二醇		18	甘草酸二钾	
5	甘油三酯		19	鲸蜡硬脂醇橄榄油酸酯	
6	甘油聚醚-26		20	月桂醇聚醚-7	
7	聚二甲基硅氧烷		21	1,2-戊二醇	
8	植物甾醇		22	苯氧乙醇	
9	木糖醇		23	羟苯甲酯	
10	辛基十二醇		24	山梨酸钾	
11	烟酰胺		25	EDTA 二钠	
12	酵母提取物		26	三乙醇胺	
13	银耳提取物		27	香精	
14	透明质酸钠交联聚合物				

学习任务

8

2. 写出上述保湿剂的归类，指出它的优劣。

名称	归类	优势	劣势	备注

3. 在此配方的基础上，高端保湿产品应该如何设计？

4. 在此配方的基础上，低端保湿产品应该如何设计？

学习活动 **3**
检查及评价

🖋 学习目标

1. 能判断配方中保湿剂查找的正确性。
2. 能纠正保湿剂列表的错误。

🔗 学习过程

1. 检查

项目	出错的保湿剂名称	出错原因
保湿剂查找的正确性		
保湿剂结构分析的正确性		

2. 评价

按照客观、公平和公正的原则，在教师的指导下以自我评价、小组评价和教师评价三种方式对自己和他人在本学习任务中的表现进行综合评价。

考核评价表

班级		学号		姓名				
评价项目	评价标准	评价方式			权重	得分小计	总分	
		自我评价	小组评价	教师评价				
职业素养与关键能力	1. 能总结概括知识点 2. 能用知识解决问题 3. 能参与小组讨论，相互交流 4. 能积极主动，勤学好问 5. 能清晰、准确表达				40%			
专业能力	达到学习任务 8 的学习目标				60%			
综合等级			指导老师签名			日期		

学习活动 4

任务拓展

✑ **学习目标**

1. 能找出膏霜类化妆品中常见的保湿剂。
2. 能对保湿剂进行分类，并能说明它们的作用和特性。

🖧 **学习过程**

1. 找一个含保湿剂的膏霜类化妆品，列出产品配方。
2. 找出其中的保湿剂，填写表格。
3. 和小组其他成员分享你的成果。

产品名称：

产品配方：

产品中的保湿剂列表

名称	归类	优势	劣势	备注

学习活动 5

动手计算

 学习目标

初步了解常用保湿剂对产品成本的影响。

 学习过程

1. 1 号化妆水配方如下表：

原料名称	用量/%	使用目的
甘油	3	保湿剂
丁二醇	5	保湿剂
羟苯甲酯	0.1	防腐剂
EDTA 二钠	0.05	螯合剂
水	余量	溶剂
甜菜碱	1	保湿剂
PE9010（苯氧乙醇 90%+乙基己基甘油 10%）	0.3	防腐剂

2. 2 号化妆水配方如下表：

原料名称	用量/%	使用目的
甘油	3	保湿剂
丁二醇	5	保湿剂
羟苯甲酯	0.1	防腐剂
透明质酸钠	0.05	保湿剂
EDTA 二钠	0.05	螯合剂
水	余量	溶剂
甜菜碱	1	保湿剂
PE9010（苯氧乙醇 90%+乙基己基甘油 10%）	0.3	防腐剂

3．上网检索原料价格，分别计算做 1 公斤 1 号化妆水和 2 号化妆水的价格。

（1）1 号化妆水原料价格表：

原料名称	原料价格/（元/kg）	1kg 产品用量/g	价格/元
甘油			
丁二醇			
羟苯甲酯			
EDTA 二钠			
水			
甜菜碱			
PE9010（苯氧乙醇 90%+乙基己基甘油 10%）			
合计			

（2）2 号化妆水原料价格表：

原料名称	原料价格/（元/kg）	1kg 产品用量/g	价格/元
甘油			
丁二醇			
羟苯甲酯			
透明质酸钠			
EDTA 二钠			
水			
甜菜碱			
PE9010（苯氧乙醇 90%+乙基己基甘油 10%）			
合计			

☆ **学习小结**

从以上计算，可以得到什么结论？和同学分享一下。

学习任务 9
清洁剂

学习任务

9

学习目标

1. 熟悉清洁剂作为表面活性剂和乳化剂的区别。
2. 熟悉清洁剂的结构特征和制备方法。
3. 熟悉常用的清洁剂的名称、性质和应用。
4. 熟悉清洁剂的分类。
5. 熟悉不同类别清洁剂的特点，了解清洁剂如何组合从而保证配方性能最优。
6. 能从产品配方中识别出常用清洁剂。
7. 能进行清洁剂的合理替换。

建议学时

学习任务 1~4　共 4 学时

工作情景描述

作为配方工程师，你开发了一款洗面奶和一款洗发水，其配方如下表，现在你要培训公司的销售人员，告诉他们你是如何通过选择配方中的清洁剂，达到这两款产品不同的使用要求和使用目的的，以帮助他们开展销售宣传。

1. 洗面奶的配方列于下表：

序号	原料名称
1	水
2	月桂酰谷氨酸钠
3	蜂蜡
4	甜菜碱
5	甘油
6	烷基糖苷
7	月桂醇聚醚硫酸钠
8	PEG-100 硬脂酸酯
9	PEG-150 二硬脂酸酯

10	PCA 钠
11	DMDM 乙内酰脲
12	香精

2．洗发水的配方列于下表：

序号	原料名称
1	水
2	月桂醇聚醚硫酸酯钠
3	月桂醇硫酸酯
4	甲基椰油酰基牛磺酸钠
5	EDTA 二钠
6	瓜儿胶羟丙基三甲基氯化铵
7	聚季铵盐-10
8	山嵛酰胺丙基二甲胺
9	C_{12-13} 醇乳酸酯
10	月桂基二甲基铵羟丙基水解小麦蛋白
11	羟乙二磷酸
12	聚硅氧烷季铵盐-16
13	椰油酰胺 DEA
14	椰油酰胺丙基甜菜碱
15	氯化钠
16	甲基异噻唑啉酮
17	香精
18	柠檬酸

工作流程与活动

学习活动1　明确任务和知识准备

学习活动2　实施任务

学习活动3　检查及评价

学习活动4　任务拓展

学习活动 1
明确任务和知识准备

 学习目标

1. 能制定完成任务的步骤。
2. 能解释清洁剂的定义、结构特征和特性。
3. 能对清洁剂进行分类，掌握不同类别清洁剂的特征。

学习过程

（一）明确工作任务

1. 根据工作情景描述，写出完成本任务的步骤。

2. 什么是清洁剂？清洁剂的作用原理是什么？

（二）阴离子清洁剂

1. 硫酸酯盐

（1）填写下表。

类别	代号	清洁剂名称	结构式	阳离子	亲水基	亲油基	溶解度	温和性	发泡能力
烷基硫酸酯盐		月桂醇硫酸酯钠							
		月桂醇硫酸酯铵							
		月桂醇硫酸 TEA 盐							
烷基聚氧乙烯醚硫酸酯盐		月桂醇聚醚硫酸酯钠							
		月桂醇聚醚硫酸酯铵							
		月桂醇聚醚硫酸 TEA 盐							

(2) 硫酸酯盐的烷基中碳原子数对清洁剂去污能力和发泡能力有什么影响？成盐阳离子对清洁剂发泡能力、黏度、外观和清洁能力有什么影响？

(3) AS 和 AES 在结构上有什么差别？这个差别导致两类清洁剂性能上有什么差异？

2．磺酸盐

填写下表。

名称	简称	结构式	亲水基	亲油基	去污能力	发泡能力	温和性	溶解度
十二烷基苯磺酸钠								
$C_{12 \sim 14}$ 烯烃磺酸钠								

3．脂酰基氨基酸盐

(1) 填写下表。

名称	简称	结构式	亲水基	亲油基	发泡能力	温和性	黏度	去污能力
月桂酰谷氨酸钠								
甲基椰油酰基牛磺酸钠								

(2) 氨基酸清洁剂存在的问题是难以增稠，原因是什么？

4．羧酸盐和脂肪醇醚羧酸盐

(1) 填写下表。

类别	清洁剂名称	结构式	阳离子	亲水基	亲油基	溶解度	温和性	发泡能力
脂肪酸盐	硬脂酸钾							
脂肪醇醚羧酸盐	月桂醇聚醚-4 羧酸钠							

(2) 羧酸盐和脂肪醇醚羧酸盐的烷基中碳原子数对清洁剂去污能力和发泡能力有什么影响？成盐阳离子对清洁剂发泡能力、黏度、外观和清洁能力有什么影响？

(3）脂肪酸盐和脂肪醇醚羧酸盐在结构上有什么差别？这个差别导致两类清洁剂性能有什么差异？

（三）两性清洁剂

1．填写下表。

类别	清洁剂名称	结构式	亲水基	亲油基	溶解度	温和性	发泡能力
甜菜碱型	椰油酰胺丙基甜菜碱						
咪唑啉型	月桂酰两性基乙酸钠						

2．配制清洁产品时，两性清洁剂主要起什么作用？

（四）非离子清洁剂

1．烷基糖苷

多少个碳的烷基糖苷适合做清洁剂？烷基糖苷和氨基酸表面活性剂有什么相同点和不同点？

2．烷基乙醇酰胺

（1）填写下表。

清洁剂名称	结构式	亲水基	亲油基	溶解度	温和性	发泡能力
椰子油二乙醇酰胺（6501）						
椰油酸单乙醇酰胺（CMEA）						

（2）配制清洁产品时，烷基乙醇酰胺主要起什么作用？

（五）知识小结

填写下表。

类别	举例	亲水基团	亲油基团	性能	适用产品
阴离子清洁剂					
两性清洁剂					
非离子清洁剂					

（六）一款洗发慕斯配方的开发

洗发慕斯是一种在外界压力下可形成泡沫的洗发产品，无需手打泡，一按就出弹力泡沫，省时方便，通过按摩搓揉，泡沫更加丰富，产生气垫的感觉，同时为了保证每次按压出产品的均匀性，产品黏度不能太高。

1. 某配方师在开发洗发慕斯配方时，初始配方如下表，请完善表格。

序号	商品名	原料名称	是否清洁剂
1	去离子水	水	
2	AES		
3	K12A		
4	尿囊素	尿囊素	
5	EDTA-2Na	EDTA 二钠	
6	LC-HC01	山嵛酰胺丙基二甲胺	
7	OCT	吡罗克酮乙醇胺盐	
8	HE（JS-7068）	PEG-7 甘油椰油酸酯	
9	ASL	羟乙二磷酸	
10	M550	聚季铵盐-7	
11	PTG-1 类脂柔润赋脂剂	胆甾醇澳洲坚果油酸酯、橄榄油 PEG-6 聚甘油-6 酯类、三-$C_{12\sim13}$ 烷醇柠檬酸酯、二聚季戊四醇四异硬脂酸酯、磷脂	
12	C200	2-溴-2-硝基丙烷-1,3-二醇、甲基异噻唑啉酮	

2. 按该配方做出来的产品泡沫较粗，达不到细腻的标准，假如配方师计划通过添加清洁剂的方法解决这个问题，你会建议配方师增加哪些清洁剂？原因是什么？

3. 最后经过筛选，在配方中添加了椰油酰甲基牛磺酸牛磺酸钠，达到了最初的目的。椰油酰甲基牛磺酸牛磺酸钠是哪一类的清洁剂？结构如何？有什么样的功效？

学习活动 2
实施任务

学习目标

1. 能找出指定配方中的清洁剂。
2. 能对配方中的清洁剂进行分类，写出其结构，找出它的亲油基团和亲水基团。
3. 能分析不同配方使用不同清洁剂的原因。
4. 能对配方中的清洁剂进行合理替换。

学习过程

1. 勾选出以下配方中的清洁剂。

（1）某洗面奶的配方：

序号	原料名称	清洁剂	序号	原料名称	清洁剂
1	水		7	月桂醇聚醚硫酸钠	
2	月桂酰谷氨酸钠		8	PEG-100 硬脂酸酯	
3	蜂蜡		9	PEG-150 二硬脂酸酯	
4	甜菜碱		10	PCA 钠	
5	甘油		11	DMDM 乙内酰脲	
6	烷基糖苷		12	香精	

（2）某洗发水的配方：

序号	原料名称	清洁剂	序号	原料名称	清洁剂
1	水		10	月桂基二甲基铵羟丙基水解小麦蛋白	
2	月桂醇聚醚硫酸酯钠		11	羟乙二磷酸	
3	月桂醇硫酸酯		12	聚硅氧烷季铵盐-16	
4	甲基椰油酰基牛磺酸钠		13	椰油酰胺 DEA	
5	EDTA-2Na		14	椰油酰胺丙基甜菜碱	
6	瓜儿胶羟丙基三甲基氯化铵		15	氯化钠	
7	聚季铵盐-10		16	甲基异噻唑啉酮	
8	山嵛酰胺丙基二甲胺		17	香精	
9	$C_{12 \sim 13}$ 醇乳酸酯		18	柠檬酸	

2．写出上述清洁剂的分子结构，指出它的亲油基团和亲水基团。同时对清洁剂的性能进行分析，如去污能力、温和度、发泡能力等。

序号	名称	归类	结构式	亲水基团	亲油基团	性能

3．洗面奶用清洁剂和洗发水用清洁剂有什么区别？两类产品中的清洁剂能替换吗？每一类产品中的清洁剂可以替换成什么清洁剂呢？和同学分享一下你的想法。

4．通过以上两个配方的分析，你觉得在选择清洁剂时要注意哪些问题？

学习活动 3
检查及评价

🖋 学习目标

1. 能判断配方中清洁剂查找的正确性。
2. 能纠正清洁剂列表的错误。
3. 能判断清洁剂替换的合理性。

🔗 学习过程

1. 检查

项目	出错的清洁剂名称	出错原因
清洁剂查找的正确性		
清洁剂结构分析的正确性		
清洁剂替换的合理性		

2. 评价

按照客观、公平和公正的原则，在教师的指导下以自我评价、小组评价和教师评价三种方式对自己和他人在本学习任务中的表现进行综合评价。

考核评价表

班级		学号		姓名				
评价项目	评价标准	评价方式			权重	得分小计	总分	
		自我评价	小组评价	教师评价				
职业素养与关键能力	1. 能总结概括知识点 2. 能用知识解决问题 3. 能参与小组讨论，相互交流 4. 能积极主动，勤学好问 5. 能清晰、准确表达				40%			
专业能力	达到学习任务 9 的学习目标				60%			
综合等级		指导老师签名				日期		

学习活动 4

任务拓展

学习目标

1. 能找出清洁类化妆品中常见的清洁剂。
2. 能对清洁剂进行分类，并指出其亲油基团和亲水基团；熟练掌握不同清洁剂的性能。
3. 能根据产品诉求，为配方选择合理的清洁剂。

学习过程

1. 找一个清洁类化妆品，列出产品配方。
2. 找出其中的清洁剂，填写表格。
3. 和小组其他成员分享你的成果。

产品名称：

产品配方：

产品中的清洁剂列表

序号	名称	归类	结构式	亲水基团	亲油基团	性能

假设要做一款沐浴液，你会选择什么清洁剂？你选择的清洁剂会赋予产品什么特点？跟小组其他成员分享你的想法。

学习任务 10
肤用功效原料

子任务 1　美白剂

 学习目标

1. 熟悉黑色素的产生机理，了解色素性皮肤病。
2. 熟悉美白剂的分类。
3. 熟悉常用的美白剂的名称、性质、应用。
4. 熟悉美白剂的作用机理。
5. 能从产品配方中识别出常用美白剂。

建议学时

学习活动1~4　共2学时。

工作情景描述

假设你是专柜的销售人员，现在有顾客向你咨询产品美白的原理，你应该如何回答?
产品配方如下表:

序号	原料名称	序号	原料名称
1	水	14	聚二甲基硅氧烷醇
2	烟酰胺	15	甘油丙烯酸酯/丙烯酸共聚物
3	聚甲基硅倍半氧烷	16	PVM/MA 共聚物
4	聚二甲基硅氧烷	17	聚山梨醇酯-20
5	甘油	18	月桂醇聚醚-4
6	丁二醇	19	丙烯酸（酯）类/异癸酸乙烯酯交联聚合物
7	甲基葡糖醇聚醚-20	20	EDTA 二钠
8	糖海带提取物	21	二甲基甲硅烷基化硅石
9	十一碳烯酰基苯丙氨酸	22	氨甲基丙醇
10	尿囊素	23	柠檬酸
11	泛醇	24	苯甲醇
12	甘草酸二钾	25	苯甲酸钠
13	丙二醇		

工作流程与活动

学习活动 1

明确任务和知识准备

学习目标

1. 能制定完成任务的步骤。
2. 能阐述黑色素的产生机理，了解色素性皮肤病。
3. 能解释美白剂的定义、结构特征、特性。
4. 能对美白剂进行分类，并阐述美白机理。

学习过程

（一）明确工作任务

根据工作情景描述，写出完成本任务的步骤。

（二）黑色素

1. 黑色素是一种（　　　　），具有（　　　　）等生理机能，但过多的黑色素将使皮肤变得过黑。一般认为黑色素的生成机理是（　　　　）在（　　　　）的催化作用下羟化，再与氧自由基经复杂的氧化、聚合，变成多巴、多巴醌、多巴色素、二羟基吲哚等中间体，逐步转化为（　　　　），随后经黑色素细胞树突顶部转移到（　　　　），随着细胞的新陈代谢而进入（　　　　），最后随角质化细胞脱落。

2. 为何在过量紫外线照射下，皮肤会变黑?

3. 炎症后色素沉着的原因是什么?

（三）美白剂的作用机理及分类

填写下表。

分类	作用机理	典型原料
还原黑色素		
抑制酪氨酸酶		
黑色素转移或聚集抑制剂		
角质剥脱剂		

（四）苯二酚及多酚类衍生物

1．填写下表。

名称	结构式	外观	溶解性	美白机理	安全性	有害杂质	添加量
熊果苷							

2．α-熊果苷与β-熊果苷相比，哪一种原料的稳定性更好?

（五）维生素 C 及其衍生物

1．填写下表。

名称	结构式	外观	溶解性	美白机理	安全性	添加量
抗坏血酸						
抗坏血酸葡糖苷						

2．总结维生素 C 及其衍生物的稳定性、水/油溶性、皮肤吸收性与分子结构之间的关系。

（六）曲酸及其衍生物

1．填写下表。

名称	结构式	外观	溶解性	美白机理	安全性	添加量
曲酸						
曲酸二棕榈酸酯						

2．为何要对曲酸进行改性？与曲酸相比曲酸二棕榈酸酯的优点是什么？

（七）果酸

1．填写下表。

名称	结构式	外观	溶解性	美白机理	安全性	添加量
羟基乙酸						
苹果酸						

2．果酸在使用过程中有哪些注意事项？

（八）植物提取物

填写下表。

名称	结构式	天然来源	外观	溶解性	美白机理	添加量
光甘草定						
根皮素						

（九）其他化合物

填写下表。

名称	别名	外观	溶解性	安全性	美白机理	添加量
烟酰胺						
凝血酸						

学习任务

10.1

（十）产品配方对比

下列 4 个商品的配方表中均含有维生素 C 衍生物。请对比下列配方表，解释产品中所使用维生素 C 衍生物有差异的原因。并讨论使用美白剂作为产品原料时，要考虑什么问题?

序号	产品名	配方表
1	美白美容油	角鲨烷、**抗坏血酸四异棕榈酸酯**、生育酚（维生素 E）、胍草油
2	眼线笔	聚二甲基硅氧烷、二聚硅氧烷、CI 77499、三甲基硅烷氧基硅酸酯、合成蜡、苯丙基二甲基硅烷氧基硅酸酯、云母（CI 77019）、聚乙烯、聚羟基硬脂酸、CI 77510、二硬脂二甲铵锂蒙脱石、辛基聚三甲基硅氧烷、碳酸丙二醇酯、卵磷脂、**抗坏血酸棕榈酸酯**、柠檬酸
3	肌底液	水、二裂酵母发酵产物溶胞物、甘油、变性乙醇、聚二甲基硅氧烷、苯氧乙醇、辛基十二醇、透明质酸钠、辛甘醇、聚丙烯酰基二甲基牛磺酸铵、**抗坏血酸葡糖苷**、PEG-20 甲基葡糖倍半硬脂酸酯、腺苷、黄原胶、EDTA 二钠、酵母提取物、氢氧化钠、苯甲酸钠、PEG-60 氢化蓖麻油、香精
4	眼霜	水、季戊四醇四（乙基己酸）酯、氢化聚癸烯、生育酚（维生素 E）、丁二醇、甘油、聚二甲基硅氧烷、聚二甲基硅氧烷交联聚合物、山嵛醇、双丙甘醇、矿脂、棕榈仁油、棕榈油、柠檬酸、硬脂醇、山嵛醇聚醚-20、苯氧乙醇、聚乙烯醇、肉豆蔻酸肉豆蔻酸酯、生育酚乙酸酯二甲基丙烯酰胺/丙烯酰胺二甲基牛磺酸交联聚合物、视黄醇乙酸酯、向日葵籽油、丁羟甲苯、迷迭香叶提取物、红花提取物、聚季铵盐-51、EDTA 二钠、香精、柠檬酸钠、酵母菌发酵溶胞产物滤液、**抗坏血酸磷酸酯镁**、乙酰化透明质酸、CI 75130

（十一）知识小结

1．美白祛斑类原料有很多，根据结构和来源可以分为（　　　　　）、（　　　　　）、（　　　　　）、（　　　　　）、（　　　　　）等。

2．填写下表。

类型	举例	美白机理
苯二酚及多酚类衍生物		
维生素 C 及其衍生物		
曲酸及其衍生物		
果酸		
植物提取物		
其他化合物		

学习活动 **2**

实施任务

 学习目标

1. 能找出指定配方中的美白剂。
2. 能对配方中的美白剂进行分类，并能说明它们的作用机理和特性。

学习过程

1. 勾选出下表中某品牌美白产品配方中的美白剂。

序号	原料名称	美白剂	序号	原料名称	美白剂
1	水		14	聚二甲基硅氧烷醇	
2	烟酰胺		15	甘油丙烯酸酯/丙烯酸共聚物	
3	聚甲基硅倍半氧烷		16	PVM/MA 共聚物	
4	聚二甲基硅氧烷		17	聚山梨醇酯-20	
5	甘油		18	月桂醇聚醚-4	
6	丁二醇		19	丙烯酸（酯）类/异癸酸乙烯酯交联聚合物	
7	甲基葡糖醇聚醚-20		20	EDTA 二钠	
8	糖海带提取物		21	二甲基甲硅烷基化硅石	
9	十一碳烯酰基苯丙氨酸		22	氨甲基丙醇	
10	尿囊素		23	柠檬酸	
11	泛醇		24	苯甲醇	
12	甘草酸二钾		25	苯甲酸钠	
13	丙二醇		26	羟苯甲酯	

2．写出上述每一个美白剂的归类，指出它的美白机理和优缺点。

名称	归类	结构式	外观	溶解性	美白机理	安全性

3．你觉得配方中的美白剂可以替换吗？如果可以，用什么替换，替换后会有什么效果？跟同学分享一下你的看法。

学习活动 3
检查及评价

✐ 学习目标

1. 能判断配方中美白剂查找的正确性。
2. 能纠正美白剂列表的错误。
3. 能判断美白剂替换的合理性。

◯ 学习过程

1. 检查

项目	出错的美白剂名称	出错原因
美白剂查找的正确性		
美白剂机理分析的正确性		
美白剂替换的合理性		

2. 评价

按照客观、公平和公正的原则，在教师的指导下以自我评价、小组评价和教师评价三种方式对自己和他人在本学习任务中的表现进行综合评价。

考核评价表

班级		学号		姓名				
评价项目	评价标准	评价方式			权重	得分小计	总分	
		自我评价	小组评价	教师评价				
职业素养与关键能力	1. 能总结概括知识点 2. 能用知识解决问题 3. 能参与小组讨论，相互交流 4. 能积极主动，勤学好问 5. 能清晰、准确表达				40%			
专业能力	达到学习任务10子任务1的学习目标				60%			
综合等级			指导老师签名			日期		

学习活动 **4**

任务拓展

学习目标

1. 能找出美白膏霜类化妆品中常见的美白剂。
2. 能对美白剂进行分类，并能说明它们的作用机理和特性。

学习过程

1. 找一个美白类化妆品，列出产品配方。
2. 找出其中的美白剂，填写表格。
3. 和小组其他成员分享你的成果。

产品名称:

产品配方:

产品中美白剂列表

名称	归类	结构式	外观	溶解性	美白机理	安全性

子任务 2　抗衰老原料

学习目标

1. 熟悉皮肤衰老的因素。
2. 熟悉抗衰老原料分类。
3. 熟悉常用的抗衰老原料的名称、性质及应用。
4. 熟悉抗衰老原料的作用机理。
5. 能从产品配方中识别出常用的抗衰老原料。

建议学时

学习活动 1~4　共 2 学时。

工作情景描述

假设你作为专柜的销售人员，现在有顾客向你咨询产品抗衰老的原理，你应该如何回答？某抗衰精华产品配方如下表。

序号	原料名称
1	聚二甲基硅氧烷
2	环五聚二甲基硅氧烷
3	环己硅氧烷
4	角鲨烷
5	视黄醇棕榈酸酯
6	生育酚（维生素 E）
7	视黄醇亚油酸酯
8	十六内酯
9	神经酰胺 6II
10	神经酰胺 1
11	亚油酸
12	油酸
13	亚麻酸
14	异硬脂酸

工作流程与活动

学习活动 1

明确任务和知识准备

学习目标

1. 能制定完成任务的步骤。
2. 能阐述皮肤衰老的因素。
3. 能解释抗衰老原料的定义、结构特征、特性。
4. 能对抗衰老原料进行分类，并阐述抗衰老机理。

学习过程

（一）明确工作任务

根据工作情景描述，写出完成本任务的步骤。

（二）皮肤衰老简介

1. 皮肤衰老的因素及表现见下表。

分类	衰老因素	表现
内源性衰老		
外源性衰老		

2. 抗衰老原料的作用机理及分类见下表。

分类	作用机理	典型原料
抗氧化类		
促进细胞新陈代谢		
多肽类		

（三）抗衰老原料

1. 填写下表。

名称	别名	外观	溶解性	抗衰老机理	结构特点	添加量
生育酚						
生育酚乙酸酯						

学习任务

10.2

2．生育酚、生育酚磷酸酯钠和生育酚乙酸酯之间的联系和区别是什么？

3．填写下表。

名称	天然来源	外观	活性成分	抗衰老机理	功效	添加量
葡萄籽提取物						
神经酰胺						

4．来自植物提取物的抗衰老原料的优点和缺点是什么？

（四）产品配方对比

下列 2 个产品的配方表中均含有视黄醇或其衍生物。请对比下列配方表，解释产品有差异的原因。并讨论使用抗衰老原料作为产品原料时，要考虑什么问题？

序号	产品名	配方表	剂型
1	胶囊精华	环五聚二甲基硅氧烷、聚二甲基硅氧烷交联聚合物、$C_{12\sim15}$醇苯甲酸酯、月桂醇甲基丙烯酸酯/乙二醇二甲基丙烯酸酯交联聚合物、丙二醇二辛酸酯/二癸酸酯、环己硅氧烷、椰油酸乙基己酯、$C_{18\sim36}$酸甘油三酯、山梨坦月桂酸酯、向日葵籽油、聚二甲基硅氧烷醇、聚山梨醇酯-20、**视黄醇**、丁羟甲苯、鳄梨油、茶叶提取物、植物鞘氨醇、油橄榄果油、神经酰胺 2、苯氧乙醇、卵磷脂、棕榈酰三肽-1、神经酰胺 3、棕榈酰四肽-7	水剂
2	眼霜	水、季戊四醇四（乙基己酸）酯、氢化聚癸烯、生育酚（维生素 E）、丁二醇、甘油、聚二甲基硅氧烷、聚二甲基硅氧烷交联聚合物、山嵛醇、双丙甘醇、矿脂、棕榈仁油、棕榈油、柠檬酸、硬脂醇、山嵛醇聚醚-20、苯氧乙醇、聚乙烯醇、肉豆蔻酸肉豆蔻酸酯、生育酚乙酸酯二甲基丙烯酰胺/丙烯酰胺二甲基牛磺酸交联聚合物、**视黄醇乙酸酯**、向日葵籽油、丁羟甲苯、聚季铵盐-51、EDTA 二钠、香精、柠檬酸钠、酵母菌发酵溶胞产物滤液、抗坏血酸磷酸酯镁、乙酰化透明质酸、CI 75130	霜

学习活动 2

实施任务

 学习目标

1. 能找出指定配方中的抗衰老原料。
2. 能对配方中的抗衰老原料进行分类，并能说明它们的作用机理和特性。

学习过程

1. 勾选出配方中的抗衰老原料。

序号	原料名称	抗衰老原料
1	聚二甲基硅氧烷	
2	环五聚二甲基硅氧烷	
3	环己硅氧烷	
4	角鲨烷	
5	视黄醇棕榈酸酯	
6	生育酚（维生素 E）	
7	视黄醇亚油酸酯	
8	十六内酯	
9	神经酰胺 6II	
10	神经酰胺 1	
11	亚油酸	
12	油酸	
13	亚麻酸	
14	异硬脂酸	

学习任务

10.

2．写出上述抗衰老原料的归类，指出它们的抗衰老机理和结构特点。

名称	归类	结构式	外观	溶解性	抗衰老机理	结构特点

3．你觉得上述配方中抗衰老原料可以替换吗？如果可以，用什么替换，替换后会有什么效果？跟同学分享一下你的看法。

学习活动 3

检查及评价

 学习目标

1. 能判断配方中抗衰老原料查找的正确性。
2. 能纠正抗衰老原料列表的错误。
3. 能判断抗衰老原料替换的合理性。

学习过程

1. 检查

项目	出错的抗衰老原料名称	出错原因
抗衰老原料查找的正确性		
抗衰老原料作用机理分析的正确性		
抗衰老原料替换的合理性		

2. 评价

按照客观、公平和公正的原则，在教师的指导下以自我评价、小组评价和教师评价三种方式对自己和他人在本学习任务中的表现进行综合评价。

考核评价表

班级		学号		姓名				
评价项目	评价标准	评价方式			权重	得分小计	总分
		自我评价	小组评价	教师评价			
职业素养与关键能力	1. 能总结概括知识点 2. 能用知识解决问题 3. 能参与小组讨论，相互交流 4. 能积极主动，勤学好问 5. 能清晰、准确表达				40%		
专业能力	达到学习任务10子任务2的学习目标				60%		
综合等级			指导老师签名			日期	

学习任务

10.2

学习活动 4

任务拓展

📨 学习目标

1. 能找出抗衰老膏霜类化妆品中常见的抗衰老原料。
2. 能对抗衰老原料进行分类，并指出其抗衰机理。

⚛ 学习过程

1. 找一个抗衰老类化妆品，列出产品配方。
2. 找出其中的抗衰老原料，填写表格。
3. 和小组其他成员分享你的成果。

产品名称：

产品配方：

产品中抗衰老原料列表

名称	归类	结构式	外观	溶解性	抗衰老机理	结构特点

子任务 3　防晒剂

学习目标

1. 熟悉紫外线对皮肤的生理影响。
2. 熟悉防晒剂分类和结构特征。
3. 熟悉常用的防晒剂的名称、性质及应用。
4. 熟悉防晒剂的作用机理。
5. 能从产品配方中识别出常用的防晒剂。

建议学时

学习活动 1~4　共 2 学时

工作情景描述

假设你作为专柜的销售人员,现在有顾客向你咨询产品防晒的原理,你应该如何回答?

防晒产品配方如下表:

序号	原料名称	序号	原料名称
1	聚二甲基硅氧烷	19	木糖醇
2	水	20	双-乙基己氧苯酚甲氧苯基三嗪
3	乙醇	21	PEG/PPG-14/7 二甲基醚
4	氧化锌	22	氯化钠
5	甲氧基肉桂酸乙基己酯	23	3-O-乙基抗坏血酸
6	聚甲基丙烯酸甲酯	24	甘草酸二钾
7	肉豆蔻酸异丙酯	25	东当归根提取物
8	异十二烷	26	姜黄根提取物
9	奥克立林	27	氢氧化铝
10	聚丁二醇/PPG-9/1 共聚物	28	三乙氧基辛基硅烷
11	三甲基硅烷氧基硅酸酯	29	二硬脂二甲铵锂蒙脱石
12	PEG-9 聚二甲基硅氧乙基聚二甲基硅氧烷	30	硬脂酸
13	二乙胺羟苯甲酰基苯甲酸己酯	31	氢化聚二甲基硅
14	二氧化钛	32	EDTA 三钠
15	甘油	33	丁二醇
16	癸二酸二异丙酯	34	丁羟甲苯
17	乙烯基聚二甲基硅氧烷/聚甲基硅氧烷硅倍半氧烷交联聚合物	35	亚硫酸钠
18	糊精棕榈酸酯	36	香精

工作流程与活动

学习活动 1　明确任务和知识准备

学习活动 2　实施任务

学习活动 3　检查及评价

学习活动 4　任务拓展

学习活动 **1**
明确任务和知识准备

 学习目标

1. 能制定完成任务的步骤。
2. 能阐述紫外线对皮肤的生理影响。
3. 能解释防晒剂的定义、结构特征、特性。
4. 能对防晒剂进行分类，并阐述防晒机理。

学习过程

（一）明确工作任务

根据工作情景描述，写出完成本任务的步骤。

（二）防晒简介

1. 紫外线的分类见下表。

分类	波长范围	能量类型	皮肤穿透能力	对皮肤的生理影响
UVA				
UVB				
UVC				

2．防晒剂的作用机理及分类见下表。

分类	作用机理	典型原料
有机防晒剂		
无机防晒剂		

3．由于防晒剂在使用过程中与紫外线相互作用，容易造成（　　　　），使皮肤（　　　　），或存在潜在的（　　　　），因此防晒剂在化妆品中属于（　　　　）组分。

4．单一的防晒剂在整个紫外区间会有不同的吸收峰，有些适用于 UVB 防晒，有些适用于 UVA 防晒，有些同时适用于 UVA 和 UVB 防晒，一般很难达到理想的防晒效果。同时，各国对不同防晒剂规定了不同的限定用量，因此将防晒剂进行合理的（　　　　），以便更好地发挥各防晒剂之间的协同效应。防晒化妆品所加紫外防晒剂普遍以（　　　　）防晒剂为主，（　　　　）防晒剂为辅。

（三）无机防晒剂
填写下表。

名称	外观	折光率	λ_{max}	防晒机理	安全性	添加量
二氧化钛（防晒用）						
氧化锌						

（四）有机防晒剂

1．填写下表。

分类	结构通式	名称	外观	折光率	λ_{max}	溶解性	防晒波段	安全性	添加量
对氨基苯甲酸酯衍生物		PEG-25 对氨基苯甲酸							
水杨酸酯类化合物		水杨酸乙基己酯							
		胡莫柳酯							
肉桂酸酯类化合物		甲氧基肉桂酸乙基己酯							
二苯甲酮类化合物		二苯酮-3							
二苯甲酰甲烷类化合物		丁基甲氧基二苯甲酰基甲烷							
樟脑类衍生物		3-亚苄基樟脑							
三嗪类衍生物		双-乙基己氧苯酚甲氧苯基三嗪							
苯并三唑类衍生物		亚甲基双-苯并三唑基四甲基丁基酚							
其他类		奥克立林							

2．目前使用最广泛的 UVB 防晒剂是（　　　　　）；最有效的油溶性 UVA 防晒剂是（　　　　　），它与甲氧基肉桂酸辛酯复配防晒效果最佳。

（五）产品配方对比

下列 2 个产品均为防晒霜。请对比下列配方表，解释产品 SPF 值有差异的原因。并讨论使用防晒剂作为原料时，要考虑什么问题？

序号	商品名	配方表
1	防晒霜 1，SPF50	聚二甲基硅氧烷、水、乙醇、**氧化锌**、**甲氧基肉桂酸乙基己酯**、聚甲基丙烯酸甲酯、肉豆蔻酸异丙酯、滑石粉、异十二烷、**奥克立林**、聚丁二醇/PPG-9/1 共聚物、三甲基硅烷氧基硅酸酯、PEG-9 聚二甲基硅氧乙基聚二甲基硅氧烷、**二乙胺羟苯甲酰基苯甲酸己酯**、**二氧化钛**、甘油、癸二酸二异丙酯、乙烯基聚二甲基硅氧烷/聚甲基硅氧烷硅倍半氧烷交联聚合物、糊精棕榈酸酯、木糖醇、**双-乙基己氧苯酚甲氧苯基三嗪**、PEG/PPG-14/7 二甲基醚、氯化钠、3-O-乙基抗坏血酸、甘草酸二钾、透明质酸钠、姜黄根提取物、氢氧化铝、三乙氧基辛基硅烷、二硬脂二甲铵锂蒙脱石、硬脂酸、EDTA 三钠、丁二醇、丁羟甲苯、亚硫酸钠、香精
2	防晒霜 2，SPF35	甲基丙烯酸甲酯交联聚合物、环五聚二甲基硅氧烷、水、癸二酸二异丙酯、鲸蜡醇乙基己酸酯、甘油三（乙基己酸）酯、**氧化锌**、琥珀酸二乙基己酯、聚二甲基硅氧烷、甘油、糊精棕榈酸酯、聚甲基硅倍半氧烷、PEG-9 聚二甲基硅氧乙基聚二甲基硅氧烷、**乙基己基三嗪酮**、二硬脂二甲铵锂蒙脱石、三甲基硅烷氧基硅酸酯、**二乙胺羟苯甲酰基苯甲酸己酯**、**双-乙基己氧苯酚甲氧苯基三嗪**、PEG/PPG- 14/7 二甲基醚、氯化钠、甘草酸二钾、透明质酸钠、硅石、PEG-10 聚二甲基硅氧烷、柠檬酸钠、硬脂酸、亚硫酸钠、生育酚（维生素 E）

学习活动 **2**

实施任务

 学习目标

1. 能找出指定配方中的防晒剂。
2. 能对配方中的防晒剂进行分类，并能说明它们的作用机理和特性。

学习过程

1. 勾选出防晒产品配方中的防晒剂。

序号	原料名称	防晒剂	序号	原料名称	防晒剂
1	聚二甲基硅氧烷		19	木糖醇	
2	水		20	双-乙基己氧苯酚甲氧苯基三嗪	
3	乙醇		21	PEG/PPG-14/7 二甲基醚	
4	氧化锌		22	氯化钠	
5	甲氧基肉桂酸乙基己酯		23	3-O-乙基抗坏血酸	
6	聚甲基丙烯酸甲酯		24	甘草酸二钾	
7	肉豆蔻酸异丙酯		25	东当归根提取物	
8	异十二烷		26	姜黄根提取物	
9	奥克立林		27	氢氧化铝	
10	聚丁二醇/PPG-9/1 共聚物		28	三乙氧基辛基硅烷	
11	三甲基硅烷氧基硅酸酯		29	二硬脂基二甲铵锂蒙脱石	
12	PEG-9 聚二甲基硅氧乙基聚二甲基硅氧烷		30	硬脂酸	
13	二乙胺羟苯甲酰基苯甲酸己酯		31	氢化聚二甲基硅	
14	二氧化钛		32	EDTA 三钠	
15	甘油		33	丁二醇	
16	癸二酸二异丙酯		34	丁羟甲苯	
17	乙烯基聚二甲基硅氧烷/聚甲基硅氧烷硅倍半氧烷交联聚合物		35	亚硫酸钠	
18	糊精棕榈酸酯		36	香精	

学习任务

10.3

2．写出上述防晒剂的归类，指出它的防晒机理和结构特点。

名称	归类	外观	λ_{max}	溶解性	防晒波段	安全性

3．你觉得配方中防晒剂可以替换吗？如果可以，用什么替换，替换后会有什么效果？跟同学分享一下你的看法。

学习活动 **3**

检查及评价

✐ 学习目标

1. 能判断配方中防晒剂查找的正确性。
2. 能纠正防晒剂列表的错误。
3. 能判断防晒剂替换的合理性。

⬡ 学习过程

1. 检查

项目	出错的防晒剂名称	出错原因
防晒剂查找的正确性		
防晒剂分类的正确性		
防晒剂替换的合理性		

2. 评价

按照客观、公平和公正的原则，在教师的指导下以自我评价、小组评价和教师评价三种方式对自己和他人在本学习任务中的表现进行综合评价。

考核评价表

班级		学号		姓名				
评价项目	评价标准	评价方式			权重	得分小计	总分	
		自我评价	小组评价	教师评价				
职业素养与关键能力	1. 能总结概括知识点 2. 能用知识解决问题 3. 能参与小组讨论，相互交流 4. 能积极主动，勤学好问 5. 能清晰、准确表达				40%			
专业能力	达到学习任务10子任务3的学习目标				60%			
综合等级		指导老师签名				日期		

学习活动 **4**
任务拓展

✎ 学习目标

1. 能找出防晒化妆品中常见的防晒剂。
2. 能对防晒剂进行分类，并能说明它们的作用机理和特性。

◌ 学习过程

1. 找一个防晒类化妆品，列出产品配方。
2. 找出其中的防晒剂，填写表格。
3. 和小组其他成员分享你的成果。

产品名称：

产品配方：

产品中防晒剂列表

名称	归类	外观	λ_{max}	溶解性	防晒波段	安全性

子任务 4 收敛剂和抗过敏原料

学习任务 10.4

学习目标

1. 熟悉收敛剂和抗过敏原料的分类。
2. 熟悉收敛剂和抗过敏原料的作用机理。
3. 能从产品配方中识别出常用收敛剂和抗过敏原料。

建议学时

学习活动 1~4 共 2 学时。

工作情景描述

假设你作为专柜的销售人员,现在有顾客向你咨询产品收敛的原理,你应该如何回答?

某控油收缩毛孔化妆水产品配方如下:

序号	原料名称	序号	原料名称
1	水	13	狗牙蔷薇果油
2	1,2-戊二醇	14	薄荷油
3	家独行菜芽提取物	15	薄荷氧基丙二醇
4	北美金缕梅叶提取物	16	PEG-30 甘油异硬脂酸酯
5	菜蓟叶提取物	17	羟乙基纤维素
6	野蔷薇果提取物	18	卵磷脂
7	乳酸	19	甘油
8	苹果酸	20	癸二酸
9	10-羟基癸酸	21	乳酸钠
10	葡萄叶提取物	22	柠檬酸钠
11	透明质酸钠	23	柠檬酸
12	尿囊素		

工作流程与活动

学习活动 1

明确任务和知识准备

学习目标

1. 能制定完成任务的步骤。
2. 能解释收敛剂和抗过敏原料的定义、分类及作用机理。

学习过程

（一）明确工作任务

1. 根据工作情景描述，写出完成本任务的步骤。

2. 收敛剂的定义是什么？什么是过敏反应？

（二）收敛剂

填写下表。

分类	作用机理	典型原料
金属盐类		
有机酸类		

（三）抗过敏原料

1. 填写下表。

名称	来源	外观	溶解性	功效	添加量
甘草酸二钾					
尿囊素					

2. 抗过敏原料的作用机理是什么？

3．下列 2 个产品中均含有抗过敏原料。请对比下列配方表，解释产品有差异的原因。并讨论使用抗过敏原料作为产品原料时，要考虑什么问题？

序号	产品名	配方表	剂型
1	化妆水	水、双丙甘醇、甘油、PEG/PPG-14/7 二甲基醚、PEG/PPG-17/4 二甲基醚、**甘草酸二钾**、聚季铵盐-51、磷酸抗坏血酸酯生育酚酯钾、乙酰化透明质酸钠、山梨（糖）醇、EDTA 二钠、柠檬酸、PPG-13-癸基十四醇聚醚-24、丁二醇、柠檬酸钠、焦亚硫酸钠、生育酚（维生素 E）、苯氧乙醇、苯甲酸	水剂
2	防晒乳	水、甲氧基肉桂酸乙基己酯、淀粉辛烯基琥珀酸铝、苯乙烯/丙烯酸酯类共聚物、甘油聚醚-26、辛基聚甲基硅氧烷、1,2-戊二醇、丁二醇、乙基己基三嗪酮、双-乙基己基苯酚甲氧苯基三嗪、亚甲基双-苯并三唑基四甲基丁基酚、甘油、$C_{14\sim22}$ 醇、硬脂醇聚醚-21、聚二甲基硅氧烷、山梨坦辛酸酯、马齿苋提取物、**红没药醇**、姜根提取物、生育酚乙酸酯、**尿囊素**、黄原胶、癸基葡糖苷、丙烯酰胺/丙烯酸铵共聚物、PEG-8 月桂酸酯、$C_{12\sim20}$ 烷基葡糖苷、丙烯酸（酯）类/$C_{10\sim30}$ 烷醇丙烯酸酯交联聚合物、EDTA 二钠、聚异丁烯、聚山梨醇酯-20、丙二醇	乳霜

学习活动 2

实施任务

 学习目标

1. 能找出指定配方中的收敛剂和抗过敏原料。
2. 能对配方中的收敛剂和抗过敏原料进行分类，并能说明它们的作用机理和特性。

学习过程

1. 找出控油收缩毛孔化妆水中的收敛剂和抗过敏原料，并注明收敛剂还是抗过敏剂。

序号	原料名称	收敛剂或抗过敏剂	序号	原料名称	收敛剂或抗过敏剂
1	水		13	狗牙蔷薇果油	
2	1,2-戊二醇		14	薄荷油	
3	家独行菜芽提取物		15	薄荷氧基丙二醇	
4	北美金缕梅叶提取物		16	PEG-30 甘油异硬脂酸酯	
5	菜蓟叶提取物		17	羟乙基纤维素	
6	野蔷薇果提取物		18	卵磷脂	
7	乳酸		19	甘油	
8	苹果酸		20	癸二酸	
9	10-羟基癸酸		21	乳酸钠	
10	葡萄叶提取物		22	柠檬酸钠	
11	透明质酸钠		23	柠檬酸	
12	尿囊素				

2．写出上述收敛剂和抗过敏原料的分类，指出它的作用机理。

名称	归类	外观	作用机理	溶解性

3．你觉得配方中抗过敏原料可以替换吗？如果可以，用什么替换，替换后会有什么效果？跟同学分享一下你的看法。

4．你觉得配方中收敛剂可以替换吗？如果可以，用什么替换，替换后会有什么效果？跟同学分享一下你的看法。

学习活动 3

检查及评价

✈ 学习目标

1. 能判断配方中收敛剂和抗过敏原料查找的正确性。
2. 能纠正收敛剂和抗过敏原料列表的错误。
3. 能判断收敛剂和抗过敏原料替换的合理性。

⚙ 学习过程

1. 检查

项目	出错的收敛剂和抗过敏原料名称	出错原因
收敛剂和抗过敏原料查找的正确性		
收敛剂和抗过敏原料作用机理的正确性		
抗过敏原料替换的合理性		
收敛剂替换的合理性		

2. 评价

按照客观、公平和公正的原则，在教师的指导下以自我评价、小组评价和教师评价三种方式对自己和他人在本学习任务中的表现进行综合评价。

考核评价表

班级		学号		姓名				
评价项目	评价标准	评价方式			权重	得分小计	总分	
		自我评价	小组评价	教师评价				
职业素养与关键能力	1. 能总结概括知识点 2. 能用知识解决问题 3. 能参与小组讨论，相互交流 4. 能积极主动，勤学好问 5. 能清晰、准确表达				40%			
专业能力	达到学习任务 10 子任务 4 的学习目标				60%			
综合等级		指导老师签名			日期			

学习活动 **4**

任务拓展

✐ 学习目标

1. 能找出具收敛作用或抗过敏作用化妆品中常见的收敛剂和抗过敏原料。
2. 能对收敛剂和抗过敏原料进行分类,并能说明它们的作用机理和特性。

◌ 学习过程

1. 找一个含收敛剂或抗过敏原料的化妆品,列出产品配方。
2. 找出其中的收敛剂或抗过敏原料,填写表格。
3. 和小组其他成员分享你的成果。

产品名称:

产品配方:

产品中收敛剂或抗过敏原料列表

名称	归类	外观	作用机理	溶解性

子任务 5　抗粉刺原料

学习目标

1. 熟悉粉刺的产生原因。
2. 熟悉抗粉刺原料的分类和作用机理。
3. 能从产品配方中识别出常用抗粉刺原料。

建议学时

学习活动1~4　共2学时。

工作情景描述

假设你作为专柜的销售人员,现在有顾客向你咨询产品抗痘的原理,你应该如何回答?
某祛痘产品配方如下:

序号	原料名称
1	水
2	卡波姆941
3	尿囊素
4	北美金缕梅提取物
5	甘草根提取物
6	吡哆素
7	丹参花/叶/根提取物
8	角鲨烷
9	1,3-丙二醇
10	白千层油
11	精氨酸

⌗ 工作流程与活动

学习活动 1　明确任务和知识准备
学习活动 2　实施任务
学习活动 3　检查及评价
学习活动 4　任务拓展

学习活动 **1**
明确任务和知识准备

 学习目标

1. 能制定完成任务的步骤。
2. 能解释抗粉刺原料的定义、分类及作用机理。

学习过程

（一）明确工作任务

根据工作情景描述，写出完成本任务的步骤。

（二）粉刺简介

1. 粉刺的成因是什么?

2. 粉刺的表现形式有哪六种?

3. 填写下表。

作用机理	典型原料
调节毛囊、皮脂腺上皮细胞的分化	
杀灭或抑制毛囊中的痤疮丙酸杆菌等微生物	
对抗雄性激素	
抗过敏、消炎	

（三）抗粉刺原料

填写下表。

名称	别名	外观	抗粉刺作用机理	其他功效	添加量
吡哆素					
壬二酸					

（四）产品配方对比

下列 2 个产品均为祛痘产品，含有抗粉刺原料吡哆素或其衍生物。请对比下列配方表，解释产品有差异的原因。并讨论使用抗粉刺原料作为产品原料时，要考虑什么问题？

序号	产品名	配方表	外观
1	祛痘印凝胶	水、卡波姆 941、尿囊素、北美金缕梅提取物、甘草根提取物、**吡哆素**、丹参花/叶/根提取物、角鲨烷、1,3-丙二醇、白千层油、精氨酸	透明、清爽
2	祛痘膏	水、甘油、鲸蜡硬脂醇、乙醇、聚二甲基硅氧烷、辛酸/癸酸甘油三酯、甘油硬脂酸酯、PEG-100 硬脂酸酯、**吡哆醇二棕榈酸酯**、丁二醇、苦参根提取物、黄芩根提取物、苯氧乙醇、乙基己基甘油、1,3-丙二醇、月桂氮草酮、PEG-40 氢化蓖麻油、PEG-60 氢化蓖麻油、壬基酚聚醚-20、壬基酚聚醚-14、丙二醇、聚丙烯酰胺、月桂醇聚醚-7、O-伞花烃-5-醇、异戊二醇、薄荷醇、水杨酸、黄原胶、聚山梨醇酯-60、尿囊素、焦糖色、羟苯甲酯、羟苯丙酯	透明、黏腻

学习活动 2

实施任务

学习目标

1. 能找出指定配方中的抗粉刺原料。
2. 能对配方中的抗粉刺原料进行分类，并说明它们的作用机理和特性。

学习过程

1. 勾选出下表祛痘印产品配方中的抗粉刺原料。

序号	原料名称	抗粉刺原料
1	水	
2	卡波姆 941	
3	尿囊素	
4	北美金缕梅提取物	
5	甘草根提取物	
6	吡哆素	
7	丹参花、叶、根提取物	
8	角鲨烷	
9	1,3-丙二醇	
10	白千层油	
11	精氨酸	

2．写出上述每一个抗粉刺原料的作用机理。

名称	别名	作用机理	外观

3．你觉得配方中抗粉刺原料可以替换吗？如果可以，用什么替换，替换后会有什么效果？跟同学分享一下你的看法。

学习活动 **3**

检查及评价

学习目标

1. 能判断配方中抗粉刺原料查找的正确性。
2. 能纠正抗粉刺原料列表的错误。
3. 能判断抗粉刺原料替换的合理性。

学习过程

1. 检查

项目	出错的抗粉刺原料名称	出错原因
抗粉刺原料查找的正确性		
抗粉刺原料作用原理的正确性		
抗粉刺原料替换的合理性		

2. 评价

按照客观、公平和公正的原则，在教师的指导下以自我评价、小组评价和教师评价三种方式对自己和他人在本学习任务中的表现进行综合评价。

考核评价表

班级		学号		姓名				
评价项目	评价标准	评价方式			权重	得分小计	总分	
		自我评价	小组评价	教师评价				
职业素养与关键能力	1. 能总结概括知识点 2. 能用知识解决问题 3. 能参与小组讨论，相互交流 4. 能积极主动，勤学好问 5. 能清晰、准确表达				40%			
专业能力	达到学习任务 10 子任务 5 的学习目标				60%			
综合等级		指导老师签名				日期		

学习任务

10.5

学习活动 4

任务拓展

学习目标

1. 能找出祛痘化妆品中常见的抗粉刺原料。
2. 能对配方中的抗粉刺原料进行分类，并说明它们的作用机理和特性。

学习过程

1. 找一个具祛痘功效的化妆品，列出产品配方。
2. 找出其中的抗粉刺原料，填写表格。
3. 和小组其他成员分享你的成果。

产品名称:

产品配方:

产品中抗粉刺原料列表

名称	别名	作用机理	外观

子任务 6 功效辅助原料

学习目标

1. 熟悉促渗透剂、温感剂、抗水成膜剂的定义。
2. 熟悉促渗透剂、温感剂、抗水成膜剂的应用及其作用机理。
3. 能从产品配方中识别出常用促渗透剂、温感剂、抗水成膜剂。

建议学时

学习任务 1~4 共 2 学时。

工作情景描述

1. 假设你作为专柜的销售人员，你应该如何告诉客户，你推荐的产品渗透效果特别好？产品配方如下：

序号	原料名称	序号	原料名称
1	水	7	鲸蜡醇
2	甘油	8	异丙醇胺
3	硬脂酸	9	PEG-3 失水山梨醇油酸酯
4	聚二甲基硅氧烷	10	香精
5	生育酚乙酸酯	11	尿囊素
6	月桂氮䓬酮	12	羟苯乙酯

2. 假设你作为专柜的销售人员，你如何向客户解释花露水使用时清凉感的来源？产品配方如下：

序号	原料名称	序号	原料名称
1	乙醇	12	黄连根提取物
2	水	13	牡丹根提取物
3	香精	14	紫苏叶提取物
4	薄荷醇	15	库拉索芦荟叶提取物
5	冰片	16	番红花花提取物
6	薄荷醇乳酸酯	17	苦参根提取物
7	红没药醇	18	积雪草提取物
8	忍冬花提取物	19	人工牛黄
9	艾叶油	20	丙二醇
10	黄檗树皮提取物	21	EDTA 二钠
11	甘草根提取物	22	CI 42090

3．假设你作为专柜的销售人员，你如何向客户解释你推荐的唇釉不容易脱色？产品配方如下：

序号	原料名称	序号	原料名称
1	水	11	聚山梨醇酯-20
2	辛基十二醇	12	聚丁烯
3	丙烯酸（酯）类共聚物	13	聚丙烯酸酯-13
4	苯氧乙醇	14	山梨坦异硬脂酸酯
5	三甲基硅烷氧苯基聚二甲基硅氧烷	15	聚山梨醇酯-60
6	变性乙醇	16	二聚季戊四醇四羟基硬脂酸酯/四异硬脂酸酯
7	山梨坦硬脂酸酯	17	乙基己基甘油
8	乙基纤维素	18	聚甘油-2 三异硬脂酸酯
9	1,2-戊二醇	19	二异硬脂醇苹果酸酯
10	山嵛醇	20	CI 77891

工作流程与活动

学习活动1　明确任务和知识准备

学习活动2　实施任务

学习活动3　检查及评价

学习活动4　任务拓展

学习活动 **1**

明确任务和知识准备

 学习目标

1. 能制定完成任务的步骤。
2. 能解释促渗透剂、温感剂、抗水成膜剂的定义、分类、作用机理及应用。

学习过程

（一）明确工作任务

1. 根据工作情景描述，写出完成本任务的步骤。

2. 什么是促渗透剂？什么是温感剂？什么是抗水成膜剂？

（二）促渗透剂

1. 月桂氮䓬酮的促渗机理是什么？

2. 填写下表。

名称	别名	外观	水溶性	应用及添加量
月桂氮䓬酮				

3. 请对比下列配方表，解释产品有差异的原因。并讨论使用氮酮作为产品原料时，要考虑什么问题？

配方	促渗透剂	剂型
配方一	月桂氮䓬酮	膏霜
配方二	水溶性氮酮	水剂

（三）温感剂

填写下表。

名称	产生效果	典型原料	外观	主要组成成分	应用及添加量
热感剂					
凉感剂					

（四）抗水成膜剂

1. 常用的抗水成膜剂有哪些?

2. 抗水成膜剂的作用是什么?

3. 阐述添加有抗水成膜剂的防晒产品的作用机理。

学习活动 2
实施任务

 学习目标

1. 能找出指定配方中的促渗透剂、温感剂、抗水成膜剂。
2. 能分析促渗透剂、温感剂、抗水成膜剂的应用及其作用机理。

学习过程

1. 找出配方中的促渗透剂、温感剂、抗水成膜剂。

（1）勾选出下表乳液原料中的促渗剂。

序号	原料名称	促渗剂	序号	原料名称	促渗剂
1	水		7	鲸蜡醇	
2	甘油		8	异丙醇胺	
3	硬脂酸		9	PEG-3 失水山梨醇油酸酯	
4	聚二甲基硅氧烷		10	香精	
5	生育酚乙酸酯		11	尿囊素	
6	月桂氮䓬酮		12	羟苯乙酯	

（2）勾选出花露水的温感剂。

序号	原料名称	温感剂	序号	原料名称	温感剂
1	乙醇		12	黄连根提取物	
2	水		13	牡丹根提取物	
3	香精		14	紫苏叶提取物	
4	薄荷醇		15	库拉索芦荟叶提取物	
5	冰片		16	番红花花提取物	
6	薄荷醇乳酸酯		17	苦参根提取物	
7	红没药醇		18	积雪草提取物	
8	忍冬花提取物		19	人工牛黄	
9	艾叶油		20	丙二醇	
10	黄檗树皮提取物		21	EDTA 二钠	
11	甘草根提取物		22	CI 42090	

(3) 勾选出唇釉的抗水成膜剂。

序号	原料名称	抗水成膜剂	序号	原料名称	抗水成膜剂
1	水		11	聚山梨醇酯-20	
2	辛基十二醇		12	聚丁烯	
3	丙烯酸（酯）类共聚物		13	聚丙烯酸酯-13	
4	苯氧乙醇		14	山梨坦异硬脂酸酯	
5	三甲基硅烷氧苯基聚二甲基硅氧烷		15	聚山梨醇酯-60	
6	变性乙醇		16	二聚季戊四醇四羟基硬脂酸酯/四异硬脂酸酯	
7	山梨坦硬脂酸酯		17	乙基己基甘油	
8	乙基纤维素		18	聚甘油-2 三异硬脂酸酯	
9	1,2-戊二醇		19	二异硬脂醇苹果酸酯	
10	山嵛醇		20	CI 77891	

2．写出上述勾选出的原料的应用及作用机理。

名称	归类	应用	作用机理

3．上述促渗透剂、温感剂、抗水成膜剂能替换吗？可以替换成什么原料？替换后会有什么效果？把你的结论写下来和同组同学分享一下。

学习活动 **3**
检查及评价

✎ 学习目标

1. 能判断配方中促渗透剂、温感剂、抗水成膜剂查找的正确性。
2. 能纠正促渗透剂、温感剂、抗水成膜剂原料列表的错误。
3. 能判断促渗透剂、温感剂、抗水成膜剂替换的合理性。

◯ 学习过程

1. 检查

项目	出错的促渗透剂、温感剂、抗水成膜剂原料名称	出错原因
促渗透剂、温感剂、抗水成膜剂查找的正确性		
促渗透剂、温感剂、抗水成膜剂归类及其应用的正确性		
促渗透剂、温感剂、抗水成膜剂替换的合理性		

2. 评价

按照客观、公平和公正的原则，在教师的指导下以自我评价、小组评价和教师评价三种方式对自己和他人在本学习任务中的表现进行综合评价。

考核评价表

班级		学号		姓名				
评价项目	评价标准	评价方式			权重	得分小计	总分	
		自我评价	小组评价	教师评价				
职业素养与关键能力	1. 能总结概括知识点 2. 能用知识解决问题 3. 能参与小组讨论，相互交流 4. 能积极主动，勤学好问 5. 能清晰、准确表达				40%			
专业能力	达到学习任务10子任务6的学习目标				60%			
综合等级		指导老师签名				日期		

学习活动 4

任务拓展

✈ 学习目标

1. 能找出化妆品中常见的促渗透剂、温感剂、抗水成膜剂。
2. 能指出促渗透剂、温感剂、抗水成膜剂的应用及其作用机理。

🧠 学习过程

1. 找一个化妆品（含促渗透剂、温感剂、抗水成膜剂其中至少一类的），列出产品配方。
2. 找出其中的促渗透剂、温感剂、抗水成膜剂，填写表格。
3. 和小组其他成员分享你的成果。

产品名称：

产品配方：

产品中促渗透剂、温感剂、抗水成膜剂原料列表

名称	别名	作用机埋	外观

学习任务 11
发用功效原料

学习目标

1. 熟悉发用调理剂的作用原理和分类。
2. 熟悉去屑剂的作用原理。
3. 熟悉常用的发用调理剂的名称、性质及应用。
4. 熟悉常用去屑剂的名称、功效和限量要求。
5. 能从产品配方中识别出常用调理剂和去屑剂。
6. 能对配方中的调理剂和去屑剂进行替换。

建议学时

学习活动1~4　共4学时。

工作情景描述

作为一个配方工程师,你想通过调整配方成分,对以下透明洗发水配方的调理效果和去屑效果进行改进,应该如何进行?

组相	商品名	原料名称	组相	商品名	原料名称
A	去离子水	水	B	SOFT-6	瓜儿胶羟丙基三甲基氯化铵
	AES	月桂醇聚醚硫酸酯钠		去离子水	水
	K12A	月桂醇硫酸酯铵	C	PQ-L3000	聚季铵盐-10
	AC-30S(Y)	椰油酰胺丙酸钠		去离子水	水
	MCT-30S	甲基椰油酰基牛磺酸钠	D	尿囊素	尿囊素
	EDTA-2Na	EDTA 二钠		BAPDA	山嵛酰胺丙基二甲胺

E	JS-85S	水、蚕丝胶蛋白、PCA 钠	F	HM900	椰油酰胺甲基 MEA
	DPO-65	椰油基葡糖苷、甘油油酸酯		BE-35HP	椰油酰胺丙基甜菜碱
	LA-20	月桂乳酸酯	G	盐	氯化钠
	WQPP	月桂基二甲基铵羟丙基水解小麦蛋白		去离子水	水
	OCT	吡罗克酮乙醇胺盐	H	C200 防腐剂	2-溴-2-硝基丙烷-1,3-二醇、甲基异噻唑啉酮
	QF-6030 甘草酸二钾	聚硅氧烷季铵盐-16、十三烷醇聚醚-12 甘草酸二钾		香精	香精
			I	柠檬酸	柠檬酸

🔗 **工作流程与活动**

学习活动 1　明确任务和知识准备
学习活动 2　实施任务
学习活动 3　检查及评价
学习活动 4　任务拓展

学习活动 1
明确任务和知识准备

 学习目标

1. 能制定完成任务的步骤。
2. 能解释调理剂、去屑剂的定义、结构特征。
3. 能对调理剂进行分类。
4. 能熟悉常用调理剂、去屑剂的应用特点。

学习过程

（一）明确工作任务

1. 根据工作情景描述，写出完成本任务的步骤。

2. 什么是调理剂？什么是去屑剂？

（二）发用调理剂

1. 你认为洗发水中为什么要使用调理剂？把你的答案和同学分享。

学习任务

11

2. 阳离子表面活性剂

(1) 阳离子表面活性剂包含（　　　　）的碳氢链和带（　　　　）电荷的亲水端，其中被头发蛋白结构中负电荷吸引的是（　　　　），沉积在头发表面起调理作用的是（　　　　），减少静电积聚的是由于（　　　　）。

(2) 季铵盐在水中的溶解性取决于所含烷基的（　　　　）、烷基的（　　　　）和（　　　　）的存在与否。烷基链碳数超过（　　　　）的季铵盐基本不溶于水，$C_{12 \sim 16}$ 单烷基季铵盐和较长链的乙氧基化季铵盐一般可溶于（　　　　）；大多数双烷基和三烷基季铵盐可（　　　　）。

(3) 阳离子表面活性剂具有表面活性，且对固体表面的吸附强，是一个多功能化妆品原料，除了作为发用调理剂，还可用作（　　　　）、（　　　　）、（　　　　）。

(4) 完成以下表格。

名称	商品名	性质	应用	限量
山嵛基三甲基氯化铵				
棕榈酰胺基丙基三甲基氯化铵				

3. 阳离子聚合物

(1) 阳离子聚合物是溶于水后带正电荷的聚合物。在化妆品中的阳离子聚合物主要是（　　　　）和（　　　　）。

(2) 阳离子聚合物在发用产品中主要起（　　　　）、（　　　　）、稳定作用，兼具保湿、（　　　　）的作用。

(3) 决定阳离子聚合物性质的两个最主要的参数是（　　　　）和（　　　　）。分子量越（　　　　），其水溶液的黏度越大；阳离子取代度越（　　　　），抗静电效果越好。

(4) 完成下列表格。

名称	别名	结构式	外观	性质	应用及用量
聚季铵盐-7					
聚季铵盐-10					
瓜儿胶羟丙基三甲基氯化铵					

（5）阳离子聚合物可以如何分类？将你的分类结果与同学分享。

4．蛋白质类调理剂

（1）蛋白质在酸或酶的作用下水解生成蛋白质-肽-多肽-二肽-氨基酸，在未彻底水解成氨基酸之前，有一系列带有蛋白质性质的中间产物，称为（　　　　　）。

（2）在化妆品中常用的水解蛋白衍生物是蛋白质（　　　　　）衍生物、蛋白质（　　　　　）衍生物，以及蛋白质和（　　　　　）的共聚物。

（3）蛋白质类调理剂对头发有很高的（　　　　　），具有很好的（　　　　　）、（　　　　　）和（　　　　　）作用，是优良的发用调理剂。

（4）填写下表。

名称	别名	制备方法	外观	性质	应用及用量
羟丙基三甲基氯化铵水解小麦蛋白					
水解胶原 PG-丙基甲基硅烷二醇					
月桂酰基胶原氨基酸 TEA 盐					

（三）去屑剂

1．非正常的头皮屑分为三类：（　　　　　）、（　　　　　）以及（　　　　　）。

2．去屑剂按照不同的作用机理，主要分为以下 3 种类型：（　　　　　）、（　　　　　）和（　　　　　）。目前使用最多的去屑剂是抗微生物制剂。

3．填写下表。

名称	别名	结构式	性状	性质	去屑止痒机理	限量
吡硫鎓锌						
氯咪巴唑						

4．去屑止痒剂可以如何分类？将你的分类结果与同学共享。

（四）配方对比

1．两个免洗护发素的配方见下表：

免洗护发素配方一		免洗护发素配方二	
商品名	原料名称	商品名	原料名称
去离子水	水	去离子水	水
丙二醇	丙二醇	丙二醇	丙二醇
尿囊素	尿囊素	尿囊素	尿囊素
HHR 250	羟乙基纤维素	HHR 250	羟乙基纤维素
去离子水	水	去离子水	水
1831	硬脂基三甲基氯化铵	DBQ	季铵盐-91、西曲铵甲基硫酸盐、鲸蜡硬脂醇
DC 345	环五聚二甲基硅氧烷、环己硅氧烷	DC-1403	聚二甲基硅氧烷、聚二甲基硅氧烷醇
Hygel LE 375C	聚季铵盐-37 十三烷基聚氧乙烯醚（6）	Hygel LE 375C	聚季铵盐-37 十三烷基聚氧乙烯醚（6）
JS-85S	蚕丝胶蛋白 PCA 钠	JS-85S	蚕丝胶蛋白 PCA 钠
WQ PP	月桂基二甲基铵羟丙基水解小麦蛋白	WQ PP	月桂基二甲基铵羟丙基水解小麦蛋白
C200	2-溴-2-硝基丙烷-1,3-二醇、甲基异噻唑啉酮	C200	2-溴-2-硝基丙烷-1,3-二醇、甲基异噻唑啉酮
香精	香精	香精	香精
H308	聚季铵盐-37、$C_{13\sim16}$异链烷烃、十三烷醇聚醚-6	H308	聚季铵盐-37、$C_{13\sim16}$异链烷烃、十三烷醇聚醚-6
乳酸	乳酸	乳酸	乳酸

2. 配方二比配方一软发效果好，头发爽滑。配方一使用后头发轻质油滑。请解释产品差异的原因，并讨论使用调理剂时，要考虑什么问题。

3. 如果 JS-85S 和 WQ PP 的用量增多，对发质的修护效果增强，请解释其中机理。

（五）知识总结

1．填空。

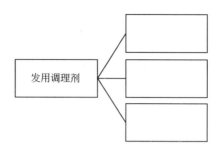

2．以下属于阳离子表面活性剂的是（　　　　　）、阳离子聚合物的是（　　　　　）、营养调理剂的是（　　　　　）。

A．十八烷基三甲基氯化铵　　　B．山嵛基三甲基氯化铵　　　C．阳离子纤维素

D．硬脂酰胺丙基二甲胺　　　E．M550　　　F．TC-90L　　　G．聚季铵盐-55

H．阳离子瓜尔胶　　　I．羟丙基三甲基氯化铵水解燕麦蛋白

J．水解小麦蛋白PG-丙基硅烷三醇　　　　K．椰油酰水解蚕丝钾

3．目前使用最多的去屑剂是抗微生物制剂，以下为抗微生物制剂的是（　　　　　）。

A．十一碳烯酸衍生物　　　B．吡啶硫酮锌　　　C．氯咪巴唑

D．甘宝素　　　E．吡罗克酮乙醇胺盐　　　F．水杨酸

学习活动 2

实施任务

 ### 学习目标

1. 能找出指定配方中的调理剂和去屑剂。
2. 能对配方中的调理剂进行分类。
3. 能对配方中的调理剂进行替换。
4. 能指出配方中去屑剂的注意事项。
5. 能指出配方中发用功效原料的作用。

 ### 学习过程

1. 勾选出透明洗发水配方中的调理剂（其中有两个是课本中没有的，你能找到吗？你的依据是什么？）

组相	商品名	原料名称	调理剂
A	去离子水	水	
	AES	月桂醇聚醚硫酸酯钠	
	K12A	月桂醇硫酸酯铵	
	AC-30S（Y）	椰油酰胺丙酸钠	
	MCT-30S	甲基椰油酰基牛磺酸钠	
	EDTA-2Na	EDTA 二钠	
B	SOFT-6	瓜儿胶羟丙基三甲基氯化铵	
	去离子水	水	
C	PQ-L3000	聚季铵盐-10	
	去离子水	水	
D	尿囊素	尿囊素	
	BAPDA	山嵛酰胺丙基二甲胺	

	JS-85S	水、蚕丝胶蛋白、PCA 钠	
E	DPO-65	椰油基葡糖苷、甘油油酸酯	
	LA-20	月桂乳酸酯	
	WQPP	月桂基二甲基铵羟丙基水解小麦蛋白	
	OCT	吡罗克酮乙醇胺盐	
	QF-6030	聚硅氧烷季铵盐-16、十三烷醇聚醚-12	
	甘草酸二钾	甘草酸二钾	
F	HM900	椰油酰胺甲基 MEA	
	BE-35HP	椰油酰胺丙基甜菜碱	
G	盐	氯化钠	
	去离子水	水	
H	C200 防腐剂	2-溴-2-硝基丙烷-1,3-二醇、甲基异噻唑啉酮	
	香精	香精	
I	柠檬酸	柠檬酸	

2. 写出上述调理剂的归类，指出它的优劣（其中课本没有的内容可上网检索）。

名称	归类	性状	性质

3. 聚硅氧烷季铵盐-16 为什么要和十三烷醇聚醚-12 复配作为一个原料?

学习任务

11

4．根据调理剂的定义，DPO-65（椰油基葡糖苷、甘油油酸酯），LA-20（月桂乳酸酯）也算做调理剂，为什么？其中 DPO-65 在产品中用的是其乳化作用吗？如果不是，说明什么问题？（提示：可以在《化妆品原料》的绪论中找答案）

5．配方中的去屑止痒剂是什么？去屑原理是什么？有什么性能特点？是否有限量要求？

6．尿囊素、JS-85S（水、蚕丝胶蛋白、PCA 钠）、甘草酸二钾在洗发水中也起到一定功效，请问它们分别起什么作用？

7．你觉得透明洗发水配方中的调理剂还能替换成其他调理剂吗？如果替换了会有什么样的效果？和同学探讨一下你的结论。

8．你觉得透明洗发水配方中的去屑止痒剂还能替换成其他吗？如果替换要注意什么问题？和同学讨论一下你的结论。

学习活动 3
检查及评价

学习目标

1. 能判断配方中调理剂、去屑剂查找的正确性。
2. 能纠正调理剂列表的错误。
3. 能判断配方中调理剂、去屑剂替换的合理性。

学习过程

1. 检查

项目	出错的调理剂、去屑剂名称	出错原因
调理剂、去屑剂查找的正确性		
功效成分分析的正确性		
调理剂、去屑剂替换的合理性		

2. 评价

按照客观、公平和公正的原则，在教师的指导下以自我评价、小组评价和教师评价三种方式对自己和他人在本学习任务中的表现进行综合评价。

考核评价表

班级		学号		姓名				
评价项目	评价标准	评价方式			权重	得分小计	总分	
		自我评价	小组评价	教师评价				
职业素养与关键能力	1. 能总结概括知识点 2. 能用知识解决问题 3. 能参与小组讨论，相互交流 4. 能积极主动，勤学好问 5. 能清晰、准确表达				40%			
专业能力	达到学习任务 11 的学习目标				60%			
综合等级			指导老师签名			日期		

学习活动 **4**

任务拓展

学习目标

1. 能找出洗发水中常见的调理剂、去屑剂。
2. 能对调理剂进行分类，并说明它们的作用和特性。

学习过程

1. 找一个洗发水，列出产品配方。
2. 找出其中的调理剂、去屑剂，填写表格。
3. 和小组其他成员分享你的成果。

产品名称：

产品配方：

产品中调理剂、去屑剂原料列表

名称	归类	性状	性质

学习任务 12
天然活性物质

学习目标

1. 熟悉天然活性物质的类别。
2. 熟悉蛋白质、肽、氨基酸、糖的结构特征。
3. 熟悉常见天然活性物质的名称、性质、应用。
4. 能从产品配方中识别出常用天然活性物质。
5. 能根据产品的要求选择适合的天然活性物质。

建议学时

学习活动 1~4　共 4 学时。

工作情景描述

作为配方工程师，现在你要向销售人员解释配方中添加的营养成分的作用，产品配方如下：

组相	商品名	原料名称
A	S2	鲸蜡硬脂醇醚-2
	S21	鲸蜡硬脂醇醚-21
	合成角鲨烷	氢化聚异丁烯
	丁基甲氧基二苯甲酰基甲烷	丁基甲氧基二苯甲酰基甲烷
	4-甲基亚苄基樟脑	4-甲基亚苄基樟脑
	GTCC	辛酸/癸酸甘油三酸酯
	EHP	棕榈酸乙基己酯
	DM100	聚二甲基硅氧烷
	维生素 E	生育酚
	尼泊金甲酯、尼泊金乙酯	尼泊金甲酯、尼泊金乙酯

	卡波 940	卡波姆
	甘油	甘油
	海藻糖	海藻糖
B	燕麦多肽	燕麦提取物
	燕麦 β-葡聚糖	燕麦 β-葡聚糖
	银耳多糖	银耳提取物
	丙二醇	丙二醇
	去离子水	水
C	三乙醇胺	三乙醇胺
	水溶性氮酮	氮酮/PEG40 氢化蓖麻油

工作流程与活动

学习活动 1　明确任务和知识准备

学习活动 2　实施任务

学习活动 3　检查及评价

学习活动 4　任务拓展

学习活动 **1**
明确任务和知识准备

 学习目标

1. 能制定完成本任务的步骤。
2. 能掌握蛋白质、肽、氨基酸、糖的定义。
3. 熟悉蛋白质、肽、氨基酸、糖的结构特征与性质。
4. 熟悉常见的天然活性物质的功效与应用。

 学习过程

（一）明确工作任务

1. 根据工作情景描述，写出完成本任务的步骤。

2. 什么是天然活性物质？什么是蛋白质？什么是肽？什么是氨基酸？什么是糖？

（二）蛋白质类天然活性物质

1. 常见原料见下表：

名称	别名	来源	组成	功效	应用及添加量
水解胶原					
水解小麦蛋白					
水解大豆蛋白					

2. 蛋白质类天然活性物质用于护肤产品中主要功效是什么？常见蛋白质类天然活性物质中，多用于护发产品的有哪几种？水解蛋白质类天然活性物质的制备一般采取何种水解方法？

（三）肽类天然活性物质

1．多肽的定义是什么？指出下列多肽结构中的肽键。

$$H_2N-\overset{\overset{\displaystyle R}{|}}{CH}-\overset{\overset{\displaystyle O}{\|}}{C}-\overset{}{N}-\overset{\overset{\displaystyle R'}{|}}{CH}-COOH$$
$$\underset{\displaystyle H}{|}$$

2．请命名下列多肽，并对命名方法进行解释。

$$I \quad H_2N-\overset{\overset{\displaystyle CH_3}{|}}{CH}-\overset{\overset{\displaystyle O}{\|}}{C}-NH-CH_2-COOH$$

$$II \quad H_2N-CH_2-\overset{\overset{\displaystyle O}{\|}}{C}-NH-\overset{\overset{\displaystyle CH_3}{|}}{CH}-COOH$$

3．多肽分为哪两类？水解蛋白肽的主要功效是什么？功能多肽的主要功效是什么？

4．水解蛋白肽
填写下表。

名称	来源/制法	性质	功效	应用及添加量
大豆多肽				
普通小麦肽				
燕麦肽				

5．水解多肽中主要功效是抗衰老的多肽是哪几种？可以通过抑制酪氨酸酶活性达到美白功效的多肽是哪一种？对毛发有保护作用的是哪一种？

6. 功能多肽——神经肌肉松弛（类肉毒作用）多肽

填写下表。

名称	别名	分子式	分子量	性质	功效	应用及添加量
二肽二氨基丁酰苄基酰胺二乙酸盐						
乙酰基六肽-8						

7. 促进细胞外基质蛋白生成的多肽

（1）填写下表。

名称	分子式	分子量	性质	功效	应用及添加量
三肽-1					
棕榈酰三肽-1					
六肽-9					

（2）该类多肽一般是通过补充或修复什么而达到抗皱抗衰目的的？其中哪些属于信号肽？

8. 抗炎多肽

填写下表。

名称	分子式	分子量	性质	功效	应用及添加量
乙酰基二肽-1鲸蜡酯					
棕榈酰四肽-7					

9. 抗自由基的多肽

（1）填写下表。

名称	分子式	分子量	性质	功效	应用及添加量
肌肽					
谷胱甘肽					

（2）氧自由基是由什么转化而来的？它是如何损害皮肤的？

10．调节黑色素生成的多肽

（1）填写下表。

名称	分子式	分子量	性质	功效	应用及添加量
九肽-1					
乙酰基六肽-1					

（2）可使皮肤、毛发颜色加深的多肽是哪一种？它能用于防晒吗？

（四）氨基酸类天然活性物质

1．氨基酸结构上的特点是什么？什么是 α-氨基酸？氨基酸在化妆品中除了应用于护肤，一般还有什么用途？

2．请写出人体所需氨基酸的分类，并举例。

3．常见氨基酸见下表。

名称	分子式	分子量	性质	功效	应用及添加量
L-精氨酸					
L-赖氨酸					
L-组氨酸					

（五）糖类天然活性物质

1．糖类优良的生物学活性和理化性质是由糖类的什么结构特点决定的？

2．请指出糖的分类。

3．单糖

化妆品中常见单糖见下表。

名称	别名	来源	性质	应用
葡萄糖				
岩藻糖				
鼠李糖				

4．低聚糖

化妆品中常见低聚糖见下表。

名称	来源	性质	应用
蔗糖			
低聚果糖			
海藻糖			

5．多糖

化妆品中常见多糖见下表。

分类	名称	来源	结构	性质	应用
β-葡聚糖及其衍生物	β-葡聚糖				
	酵母 β-葡聚糖				
壳多糖及其衍生物	壳多糖				
	水解壳多糖				
其他类型多糖	银耳多糖				

（六）知识小结

1．天然活性物质用于化妆品一般具有（　　　　　）作用，可以分为（　　　　　）、
（　　　　）、（　　　　）、（　　　　）。

2．填写下表。

物质	举例	来源	功效	应用
蛋白质				
肽				
氨基酸				
糖				

学习活动 2

实施任务

 学习目标

1. 能找出指定配方中的天然活性物质。
2. 能对配方中的天然活性物质进行分类，并说明它们的作用和特性。

学习过程

1. 勾选出配方中的天然活性物质。

组相	商品名	原料名称	天然活性物质
A	S2	鲸蜡硬脂醇醚-2	
	S21	鲸蜡硬脂醇醚-21	
	合成角鲨烷	氢化聚异丁烯	
	丁基甲氧基二苯甲酰基甲烷	丁基甲氧基二苯甲酰基甲烷	
	4-甲基亚苄基樟脑	4-甲基亚苄基樟脑	
	GTCC	辛酸/癸酸甘油三酸酯	
	EHP	棕榈酸乙基己酯	
	DM100	聚二甲基硅氧烷	
	维生素 E	生育酚	
	尼泊金甲酯/尼泊金乙酯	尼泊金甲酯/尼泊金乙酯	
B	卡波 940	卡波姆	
	甘油	甘油	
	海藻糖	海藻糖	
	燕麦多肽	燕麦提取物	
	燕麦 β-葡聚糖	燕麦 β-葡聚糖	
	银耳多糖	银耳提取物	
	丙二醇	丙二醇	
	去离子水	水	
C	三乙醇胺	三乙醇胺	
	水溶性氮酮	氮酮/PEG40 氢化蓖麻油	

2. 写出上述天然活性物质的类别，说出其结构特点，指出其功效。

名称	归类	结构特点	功效	应用

学习活动 3

检查及评价

✈ 学习目标

1. 能判断配方中天然活性物质查找的正确性。
2. 能纠正天然活性物质列表的错误。

◯ 学习过程

1. 检查

项目	出错的名称	出错原因
天然活性物质查找的正确性		
天然活性物质结构分析的正确性		
天然活性物质功效与应用分析的正确性		

2. 评价

按照客观、公平和公正的原则，在教师的指导下以自我评价、小组评价和教师评价三种方式对自己和他人在本学习任务中的表现进行综合评价。

考核评价表

班级		学号		姓名				
评价项目	评价标准	评价方式			权重	得分小计	总分
		自我评价	小组评价	教师评价			
职业素养与关键能力	1. 能总结概括知识点 2. 能用知识解决问题 3. 能参与小组讨论，相互交流 4. 能积极主动，勤学好问 5. 能清晰、准确表达				40%		
专业能力	达到学习任务 12 的学习目标				60%		
综合等级		指导老师签名				日期	

学习活动 4
任务拓展

✎ 学习目标

1. 能找出膏霜类化妆品中常见的天然活性物质。
2. 能对天然活性物质进行分类，并说明它们的作用和特性。

◔ 学习过程

1. 找一个膏霜类化妆品，列出产品配方。
2. 找出其中的天然活性物质，填写表格。
3. 和小组其他成员分享你的成果。

产品名称：

产品配方：

产品中天然活性物质列表

名称	归类	结构特点	功效	应用